W0218940

Rechtssichere Musterbriefe zur VOB/B

Jetzt diesen Titel zusätzlich als E-Book downloaden und 70 % sparen!

Als Käufer dieses Buchtitels haben Sie Anspruch auf ein besonderes Kombi-Angebot: Sie können den Titel zusätzlich zum Ihnen vorliegenden gedruckten Exemplar für nur 30 % des Normalpreises als E-Book beziehen.

Der BESONDERE VORTEIL: Im E-Book recherchieren Sie in Sekundenschnelle die gewünschten Themen und Textpassagen. Denn die E-Book-Variante ist mit einer komfortablen Volltextsuche ausgestattet!

Deshalb: Zögern Sie nicht. Laden Sie sich am besten gleich Ihre persönliche E-Book-Ausgabe dieses Titels herunter.

In 3 einfachen Schritten zum E-Book:

1. Rufen Sie die Website **www.beuth.de/e-book** auf.
2. Geben Sie hier Ihren persönlichen, nur einmal verwendbaren E-Book-Code ein:

   29410KDD41908DB

3. Klicken Sie das „Download-Feld“ an und gehen dann weiter zum Warenkorb. Führen Sie den normalen Bestellprozess aus.

Hinweis: Der E-Book-Code wurde individuell für Sie als Erwerber dieses Buches erzeugt und darf nicht an Dritte weitergegeben werden. Mit Zurückziehung dieses Buches wird auch der damit verbundene E-Book-Code für den Download ungültig.

Rechtssichere Musterbriefe zur VOB/B

Mehr zu diesem Titel

... finden Sie in der Beuth-Mediathek

Zu vielen neuen Publikationen bietet der Beuth Verlag nützliches Zusatzmaterial im Internet an, das Ihnen kostenlos bereitgestellt wird.
Art und Umfang des Zusatzmaterials – seien es Checklisten, Excel-Hilfen, Audiodateien etc. – sind jeweils abgestimmt auf die individuellen Besonderheiten der Primär-Publikationen.

Für den erstmaligen Zugriff auf die Beuth-Mediathek müssen Sie sich einmalig kostenlos registrieren. Zum Freischalten des Zusatzmaterials für diese Publikation gehen Sie bitte ins Internet unter

www.beuth-mediathek.de

und geben Sie den folgenden Media-Code in das Feld „Media-Code eingeben und registrieren“ ein:

M294103312

Sie erhalten Ihren Nutzernamen und das Passwort per E-Mail und können damit nach dem Log-in über „Meine Inhalte“ auf alle für Sie freigeschalteten Zusatzmaterialien zugreifen.

Der Media-Code muss nur bei der ersten Freischaltung der Publikation eingegeben werden. Jeder weitere Zugriff erfolgt über das Log-In.

Wir freuen uns auf Ihren Besuch in der Beuth-Mediathek.

Ihr Beuth Verlag

Hinweis: Der Media-Code wurde individuell für Sie als Erwerber dieser Publikation erzeugt und darf nicht an Dritte weitergegeben werden. Mit Zurückziehung dieses Buches wird auch der damit verbundene Media-Code ungültig.

Rechtssichere Musterbriefe zur VOB/B

Rosina Sperling | Axel C. Sperling

Rechtssichere Musterbriefe zur VOB/B

für Auftraggeber und Auftragnehmer vor, während und nach der Bauzeit

2., aktualisierte und erweiterte Auflage

Beuth

Beuth
publishing DIN

Praxisorientiert und kompakt

VOB/B 2019

Kommentar für die Baupraxis

In dieser Auflage des Praxiskommentars zur VOB/B geht es maßgeblich um die Einarbeitung der seit 2016 geänderten Rechtsprechung zu den einzelnen Regelungen der aktuellen VOB/B 2016 bis August 2019, insbesondere im Hinblick auf die Bauablaufstörung.

Der Praxiskommentar bietet zu praktischen Problemen eine umsetzbare Lösung an, die auf Quellen aus der Rechtsprechung basiert. Zum Thema Bauablaufstörungen werden neue Ansätze aufgezeigt, die hoffentlich künftig die Rechtsprechung erreichen. Dafür wird – soweit möglich – auf die Auswertung theoretischer Abhandlungen der rechtswissenschaftlichen Literatur zugunsten der praktischen Übersicht verzichtet.

VOB/B 2019
Kommentar für die Baupraxis
von Dr. Uwe Diehr
5. überarbeitete Auflage 2019.
560 S. A5. Broschiert.
54,00 EUR | ISBN 978-3-410-29334-7

Bestellen Sie unter
Telefon +49 30 2601-1331
Telefax +49 30 2601-1260
kundenservice@beuth.de

Auch als E-Book
nur online erhältlich unter
www.beuth.de

Beuth Verlag GmbH | Am DIN-Platz | Burggrafenstraße 6 | 10787 Berlin

DIN

Rosina Sperling
Axel C. Sperling

Rechtssichere Musterbriefe zur VOB/B

für Auftraggeber und Auftragnehmer vor, während und nach der Bauzeit

2., aktualisierte und erweiterte Auflage 2020

Herausgeber:
DIN Deutsches Institut für Normung e. V.

Beuth Verlag GmbH · Berlin · Wien · Zürich

Herausgeber: DIN Deutsches Institut für Normung e. V.

Berlin · Wien · Zürich
Saatwinkler Damm 42/43
13627 Berlin

Telefon: +49 30 2601-0
Telefax: +49 30 2601-1260
Internet: www.beuth.de
E-Mail: kundenservice@beuth.de

Titelbild: © Maha Heang 245789, Benutzung unter Lizenz von shutterstock.com
Satz: B & B Fachübersetzergesellschaft mbH, Berlin
Druck: COLONEL, Kraków

Gedruckt auf säurefreiem, alterungsbeständigem Papier nach DIN EN ISO 9706

ISBN 978-3-410-29410-8
ISBN (E-Book) 978-3-410-29411-5

Autorenporträts

Rosina Sperling

Tätigkeitsschwerpunkte: Nachtragsmanagement, Projektmanagement in der Bau- und Immobilienwirtschaft, außergerichtliche Streitbeilegung

Rosina Sperling ist Geschäftsführerin der BVM Bauvertragsmanagement GmbH. Aufbauend auf ihrem betriebswirtschaftlichen Know-how zu den praxisrelevanten Themen der Bauwirtschaft und ihren eigenen Erfahrungen aus baubetrieblicher Tätigkeit hat sie sich auf die Beratung von Auftraggebern, Architekten, Planern und Auftragnehmern sowie deren Bauleitern spezialisiert.

Einen besonderen Fokus legt sie dabei auf das Claimmanagement. Sie unterstützt Unternehmen, die das Thema Nachträge und Bauablaufstörungen managementmäßig anpacken wollen. Vorzugswürdig sind Streitlösungen in Echtzeit. Daher engagiert sie sich auch für Verfahren zur außergerichtlichen Streitbeilegung in der Bau- und Immobilienwirtschaft.

Axel C. Sperling

Tätigkeitsschwerpunkte: Rechtsanwalt mit dem Schwerpunkt Bau- und Immobilienrecht, Vergaberecht, baubegleitende Rechtsberatung

Rechtsanwalt Axel C. Sperling ist Rechtsanwalt bei der renommierten deutschen Wirtschaftskanzlei Arnecke Sibeth Dabelstein in München. Er ist im privaten Bau- und Architektenrecht spezialisiert. Ein weiterer Beratungsschwerpunkt liegt auf dem Vergaberecht für Bau- und Ingenieurleistungen und dem kommunalen Wirtschaftsrecht. Er berät eine Vielzahl öffentlicher und privater Bauherren bei der Abwicklung von Bauprojekten. Ebenso sind Architekten, Ingenieure und Projektsteuerer in Fragen des Honorarrechts und des Vergaberechts in die tägliche Beratungspraxis eingebunden.

Axel Sperling (†)

Tätigkeitsschwerpunkte: Rechtsanwalt mit dem Schwerpunkt Bau- und Immobilienrecht, baubegleitende Rechtsberatung

Rechtsanwalt Axel Sperling war Inhaber einer renommierten Münchner Anwaltskanzlei, die sich seit Jahrzehnten auf Bau- und Immobilienrecht spezialisiert hat. Als Baurechtsexperte vertrat er eine Vielzahl von Auftraggebern und Auftragnehmern aus der Bau- und Immobilienwirtschaft. In komplexen Bausachen war er als Schiedsrichter und Schlichter tätig.

Vorwort

„Wer schreibt, der bleibt!"

Im Oktober 2019 ist die Gesamtausgabe der VOB 2019 erschienen. Die maßgeblichen Änderungen finden sich im Vergabeteil VOB/A und in den ATV-DIN-Normen der VOB/C.

Änderungen im vertragsrechtlichen Teil (VOB/B) sind nicht erfolgt. Allerdings strahlen wichtige BGB-Bestimmungen des seit 1. Januar 2018 geltenden Gesetzes zur Reform des Bauvertragsrechts und zur Änderung der kaufrechtlichen Mängelhaftung auf die Abwicklung von Bauverträgen aus.

Die Neuerungen in der Gesetzgebung, radikale Änderungen in höchstrichterlicher Rechtsprechung und eine Vielzahl von fortwährend neuen Entscheidungen zur Vergabe- und Vertragsordnung für Bauleistungen Teil B (VOB/B) stellen **Auftraggeber, Planer und Auftragnehmer** vor immer neue und zeitintensive Herausforderungen und Unsicherheiten.

Die VOB/B ist praxisbewährt. Ihre Regelungen **erleichtern** sowohl dem Auftraggeber als auch dem Auftragnehmer die Abwicklung von Bauaufträgen. Voraussetzung sind fundiertes Wissen und die **rechtssichere Anwendung der Vorschriften.** Nach der VOB/B obliegen den Vertragsparteien eine Reihe von Hinweis- und Anzeigepflichten, die erfüllt und dokumentiert werden müssen. Nur derjenige, der seine Ansprüche rechtzeitig und nachweisbar angemeldet hat, wird im Fall einer streitigen Auseinandersetzung Erfolg haben. Hilfreich ist eine professionelle und rechtlich aktuelle Formulierung zur Durchsetzung der Anspruchsgrundlagen, die die VOB/B den Vertragsparteien **vor, während und nach der Bauzeit** zugesteht.

Durch die genaue Beschreibung der einzelnen Anwendungsfälle wird das Auffinden der jeweils relevanten Musterbriefe in der Formularsammlung aus der Sicht des Auftraggebers wie des Auftragnehmers **nachhaltig erleichtert.** Bei der Verwendung der Muster im konkreten Anwendungsfall müssen die jeweiligen Bedingungen sorgfältig geprüft werden. Gegebenenfalls müssen die Muster dem Einzelfall angepasst werden.

Die **Vermerke zu den internen Bauabläufen** beschreiben die wiederkehrenden Probleme bei der Abwicklung eines Bauvertrags und helfen, Rechtsfehler und Versäumnisse zu vermeiden.

Bitte beachten Sie, dass die Muster-Briefe keine juristische Empfehlung darstellen. Die Formulare müssen dem konkreten Sachverhalt eigenverantwortlich angepasst werden. Vollständigkeit sowie technische und inhaltliche Fehlerfreiheit werden nicht zugesichert. Bei Zweifeln – Rechtsrat einholen!

Für Anregungen oder Vorschläge für weitere Rechts- und Sachverhalte bedanken wir uns im Voraus.

München, im Dezember 2019

Axel C. Sperling
Rechtsanwalt

Rosina Sperling, Geschäftsführerin
DVP-zertifizierte Projektmanagerin
für die Bau- und Immobilienwirtschaft
Zert. Wirtschaftsmediatorin (IHK)

Welche rechtlichen Maßnahmen sind während des Bauablaufs wichtig?

Sie finden chronologisch die wichtigsten Schritte im Bauablauf sortiert und mit einer Ziffer den jeweiligen Musterbriefen (**AG W** oder ***AN W***) zugeordnet.

durch den Auftraggeber

Stundenlohn

- Prüfung angezeigter Stundenlohnarbeiten gemäß § 15 Abs. 3 VOB/B
- Kontrolle und Unterzeichnung von Stundenlohnzetteln gemäß § 15 Abs. 3 VOB/B
- Prüfung der Stundenlohnabrechnungen gemäß § 15 Abs. 4 VOB/B

Anordnungen/Anweisungen während der Leistungsausführung

- Aufrechterhaltung der allgemeinen Ordnung auf der Baustelle und Koordination der Gewerke (Projektmanagement) gemäß § 4 Abs. 1 Nr. 1 VOB/B
- Überwachung der Bauausführung gemäß § 4 Abs. 1 Nr. 2 VOB/B
- Verlangen nach Diebstahlschutz und Winterdienst gemäß § 4 Abs. 5 VOB/B **AG W 5**
- Entfernung nicht vertragsgemäßer Stoffe und Bauteile gemäß § 4 Abs. 6 VOB/B **AG W 6**
- Verlangen nach „technischer Abnahme“ (Zustandsfeststellung später nicht mehr prüfbarer Leistungen) gemäß § 4 Abs. 10 VOB/B **AG W 7**
- Verlangen von Mängelbeseitigung vor der Abnahme gemäß § 4 Abs. 7 VOB/B **AG W 8**

durch den Auftragnehmer

Vergütungs- und Leistungsänderungen (Nachträge)

- Vorlage von Stundenlohnzetteln gemäß § 15 Abs. 3 VOB/B ***AN W 10***
- (Nach-)Verhandlungen über Leistungs- und Bauablaufänderungen im Sinne der §§ 1 Abs. 3 und 4 VOB/B in Verbindung mit § 2 Abs. 5 oder 6 VOB/B ***AN W 11***

Maßnahmen, Warn- und Hinweispflichten

- Bedenkenanmeldung bezüglich der Anordnungen des Auftraggebers gemäß § 4 Abs. 1 Nr. 3 und Nr. 3 VOB/B ***AN W 12***
- Bedenkenanmeldung bezüglich Art und Weise der Leistungsausführung gemäß § 4 Abs. 3 VOB/B ***AN W 13***
- Verlangen nach „technischer Abnahme“ (Zustandsfeststellung später nicht mehr prüfbarer Leistungen) gemäß § 4 Abs. 10 VOB/B ***AN W 14***

Welche rechtlichen Maßnahmen sind <u>während</u> des Bauablaufs wichtig?

Sie finden chronologisch die wichtigsten Schritte im Bauablauf sortiert und mit einer Ziffer den jeweiligen Musterbriefen (**AG W** oder ***AN W***) zugeordnet.

durch den Auftraggeber

Ausführungsfristen, Mängel vor Fertigstellung, Unterbrechung und Kündigung

- Fristsetzung zur Mängelbeseitigung vor Abnahme gemäß § 4 Abs. 7 VOB/B mit Kündigungsandrohung gemäß § 8 Abs. 3 VOB/B **AG W 9**
- Abhilfeverlangen bei unzureichender Baustellenausstattung gemäß § 5 Abs. 3 und 4 VOB/B **AG W 10**
- Inverzugsetzung wegen Bauzeitverzögerung gemäß § 5 Abs. 4 VOB/B und Ankündigung des Auftragsentzuges **AG W 11**
- Geltendmachung von Schadenersatz aus Bauablaufstörungen und Bauzeitverzögerungen gemäß § 6 Abs. 6 VOB/B in Verbindung mit § 642 BGB **AG W 12**
- Geltendmachung von entgangenem Gewinn wegen Vorsatz oder grober Fahrlässigkeit **AG W 13**
- Fortschreibung des Bauzeitenplanes bei Bauablaufänderungen
- Kündigung des Bauauftrages wegen Unterbrechung der Bauarbeiten (länger als 3 Monate) gemäß § 6 Abs. 7 VOB/B **AG W 14**
- Kündigung des Nachunternehmerbauvertrages gemäß § 8 Abs. 4 VOB/B wegen Kündigung des Hauptauftrages **AG W 15**
- Aufmaß, Abnahme und Abrechnung gemäß § 8 Abs. 6 VOB/B
- Vorbehalt der Vertragsstrafe gemäß § 2 Abs. 5 Nr. 3 VOB/B

durch den Auftragnehmer

Behinderung, Unterbrechung, Kündigung

- schriftliche Behinderungsanzeige gemäß § 6 Abs. 1 VOB/B in Verbindung mit § 6 Abs. 2 VOB/B ***AN W 15***
- Anzeige des Wegfalls der Behinderung gemäß § 6 Abs. 5 VOB/B ***AN W 16***
- Vereinbarung neuer Ausführungsfristen gemäß § 6 Abs. 4 VOB/B ***AN W 17***
- Anzeige von Funden und Entdeckungen an den AG gemäß § 4 Abs. 9 VOB/B ***AN W 18***
- Unterbrechung der Bauarbeiten und Zwischenabrechnung bei längerer Unterbrechung gemäß § 6 Abs. 5 VOB/B ***AN W 19***
- Unterbrechung der Bauarbeiten (länger als 3 Monate) und Kündigung § 6 Abs. 7 VOB/B ***AN W 20***
- Mahnung und Kündigungsandrohung wegen Verletzung der Mitwirkungspflichten gemäß § 9 Abs. 1 Nr. 1 VOB/B alternativ Zahlungsverzug gemäß § 9 Abs. 1 Nr. 2 VOB/B oder gemäß § 9 Abs. 2 VOB/B ***AN W 21***
- Kündigung wegen Verletzung der Mitwirkungspflichten gemäß § 9 Abs. 1 Nr. 1 alternativ Zahlungsverzug gemäß § 9 Abs. 1 Nr. 2 VOB/B ***AN W 22***
- Aufmaß und Abnahmeverlangen zur Abgrenzung der Leistungen gemäß § 8 Abs. 6 VOB/B ***AN W 23***

Welche rechtlichen Maßnahmen sind während des Bauablaufs wichtig?

Sie finden chronologisch die wichtigsten Schritte im Bauablauf sortiert und mit einer Ziffer den jeweiligen Musterbriefen (**AG W** oder ***AN W***) zugeordnet.

durch den Auftraggeber

Vergütung und Abrechnung vor Fertigstellung

- Zahlung fällig innerhalb von 21 Tagen gemäß § 16 Abs. 1 VOB/B
- Zahlung an Subunternehmer des AN gemäß § 16 Abs. 6 VOB/B
- Rechnungsprüfung: Gegenansprüche und Zurückbehaltung gemäß § 641 Abs. 3 BGB (Druckzuschlag)

durch den Auftragnehmer

Vergütung und Abrechnung vor Fertigstellung

- gemeinsame Abrechnungsfeststellung gemäß § 14 Abs. 2 S. 3 VOB/B, insbesondere bei später nicht mehr prüfbaren Leistungen ***AN W 24***
- Abschlagszahlungen gemäß Baufortschritt gemäß § 15 Abs. 1 VOB/B anfordern
- Zwischenabrechnung bei Unterbrechung auf längere Zeit gemäß § 6 Abs. 5 VOB in Verbindung mit § 14 VOB/B ***AN W 25***
- Anfordern von Abschlagszahlungen während des Bauablaufs gemäß § 16 Abs. 1 VOB/B ***AN W 26***
- Mahnung mit Fristsetzung ausstehender Abschlagszahlung gemäß § 16 Abs. 5 Nr. 3 VOB/B ***AN W 27***
- Geltendmachung von Behinderungsschäden gemäß § 6 Abs. 6 VOB/B und § 642 BGB ***AN W 28***
- Vorlage von Stundenlohnrechnungen gemäß § 15 Abs. 4 VOB/B (längstens nach 4 Wochen) ***AN W 29***
- Anspruch auf Vergütung bei Gefahrübergang gemäß § 7 Abs. 1 und 2 VOB/B ***AN W 30***
- Verlangen nach Auszahlung des Sicherheitseinbehaltes wegen fehlender Hinterlegung gemäß § 17 Abs. 6 Nr. VOB/B ***AN W 31***
- Sicherheitsleistung zur Vertragserfüllung, Einzahlung auf Sperrkonto gemäß § 17 Abs. 6 VOB/B ***AN W 32***

II.4 Nach der Bauzeit – Maßnahmen

Welche Maßnahmen sind wichtig?

Sie finden chronologisch die wichtigsten Schritte im Bauablauf sortiert und mit einer Ziffer den jeweiligen Musterbriefen (**AG N** oder ***AN N***) zugeordnet.

aus der Sicht des Auftraggebers	**aus der Sicht des Auftragnehmers**
Abnahme – Abnahmeverweigerung wegen Fertigstellungsanzeige gemäß § 12 Abs. 5 Nr. 1 VOB/B **AG N 1** – Abnahmeverweigerung gemäß § 12 Abs. 5 Nr. 2 VOB/B **AG N 2** – Geltendmachung der Vertragsstrafe gemäß § 11 VOB/B **AG N 3** – Abnahmeprotokoll gemäß § 12 Abs. 4 VOB/B mit Aufnahme von Mängel- und Vertragsstrafen vorbehalten – Erfassen und Notieren der Fristen für Mängelansprüche (§ 187 BGB)	**Abnahme** – Abnahmeverlangen gemäß § 12 Abs. 1 und 4 VOB/B und § 640 BGB ***AN N 1*** – Erstellen eines Abnahmeprotokolls gemäß § 12 Abs. 4 VOB/B ***AN N 2*** – Teil-Abnahmeverlangen gemäß § 12 Abs. 2 VOB/B und Erstellen eines Abnahmeprotokolls gemäß § 12 Abs. 4 VOB/B ***AN N 3*** – Mahnung zur Durchführung der förmlichen Abnahme gemäß § 12 Abs. 1 VOB/B nach Ablauf von 12 Werktagen nach Verlangen ***AN N 4*** – Fertigstellungsanzeige zur Herbeiführung der fiktiven Abnahme gemäß § 12 Abs. 5 Nr. 1 VOB/B ***AN N 5*** – Herbeiführung der fiktiven Abnahme durch Ingebrauchnahme gemäß § 12 Abs. 5 Nr. 2 VOB/B ***AN N 6*** – Abnahme oder Fertigstellungsanzeige nach Mängelbeseitigung gemäß § 13 Abs. 5 VOB/B ***AN N 7***

Welche rechtlichen Maßnahmen sind wichtig?

Sie finden chronologisch die wichtigsten Schritte im Bauablauf sortiert und mit einer Ziffer den jeweiligen Musterbriefen (**AG N** oder ***AN N***) zugeordnet.

aus der Sicht des Auftraggebers

Schlussrechnung/Schlusszahlung

- Aufforderung zur Erstellung der prüfbaren Schlussrechnung gemäß § 14 Abs. 4 VOB/B **AG N 4**
- Selbsterstellung der Schlussrechnung durch AG nach fruchtlosem Fristablauf gemäß § 14 Abs. 4 VOB/B
- Verlangen nach Einheitspreisanpassung gemäß § 2 Abs. 3 VOB/B
- Verlangen nach Pauschalpreisanpassung gemäß § 2 Abs. 7 VOB/B
- Schlusszahlungserklärung mit Hinweis auf Ausschlusswirkung der Schlusszahlung gemäß § 16 Abs. 3 Nr. 2 VOB/B **AG N 5**
- Schlusszahlungserklärung wegen bereits erbrachter Abschlagszahlung und endgültiger Ablehnung weiterer Zahlungen gemäß § 16 Abs. 3 Nr. 3 VOB/B **AG N 6**

aus der Sicht des Auftragnehmers

Schlussrechnung/Schlusszahlung

- Aufmaßverlangen und Schlussrechnung gemäß § 14 Abs. 2 und 3 VOB/B ***AN N 13***
- Vorlage der Schlussrechnung mit Aufforderung zur fristgemäßen Zahlung gemäß § 16 Abs. 3 VOB/B ***AN N 14***
- Nachfristsetzung zur Zahlung der Schlussrechnung gemäß § 16 Abs. 5 Nr. 3 VOB/B ***AN N 15***
- Fristüberwachung von Schlusszahlungserklärungen durch AG
- Vorbehaltserklärung gemäß § 16 Abs. 3 Nr. 5 VOB/B binnen 28 Tagen ab Zugang der Schlusszahlungsablehnung gemäß § 16 Abs. 3 Nr. 2 und 3 ***AN N 16***
- Begründung der Vorbehaltserklärung oder Einreichung einer prüfbaren Rechnung gemäß § 16 Abs. 3 Nr. 5 VOB/B binnen weiterer 28 Tage ab Zugang der Vorbehaltserklärung
- Herausgabe des Sicherheitseinbehaltes für Vertragserfüllungsansprüche gemäß § 17 Abs. 8 Nr. 1 VOB/B ***AN N 17***

Welche rechtlichen Maßnahmen sind wichtig?

Sie finden chronologisch die wichtigsten Schritte im Bauablauf sortiert und mit einer Ziffer den jeweiligen Musterbriefen (**AG N** oder ***AN N***) zugeordnet.

aus der Sicht des Auftraggebers

Mängelansprüche und Sicherheiten

- schriftliches Mängelbeseitigungsverlangen gemäß § 13 Abs. 1 Nr. 1 VOB/B ggf. auch zur Fristverlängerung der Mängelansprüche
- Ablehnung der Rückgabe der Vertragserfüllungsbürgschaft gemäß § 17 Abs. 8 Nr. 1 VOB/B **AG N 7**
- Aufforderung zur Durchführung der Mängelbeseitigungsarbeiten gemäß § 13 Abs. 5 VOB/B **AG N 8**
- Ankündigung der Ersatzvornahme für nicht behobene Mängel gemäß § 13 Abs. 5 Nr. 2 VOB **AG N 9**
- Geltendmachung von Schadenersatz gemäß § 13 Abs. 7 VOB/B **AG N 10**
- Erklärung der Vergütungsminderung wegen unzumutbarer Mängelbeseitigung gemäß § 13 Abs. 6 VOB/B **AG N 11**
- Ablehnung der Rückgabe der Sicherheit für Mängelansprüche wegen bestehender Restmängel gemäß § 17 Abs. 8 Nr. 2 VOB/B und Aufforderung zur Mängelbeseitigung **AG N 12**
- Kostenvorschussanforderung zur Durchführung der Ersatzvornahme gemäß § 13 Abs. 5 Nr. 2 VOB/B
- nach Mängelbeseitigung und Abnahme: neue Frist für Mängelansprüche gemäß § 13 Abs. 5 Nr. 1 S. 3 VOB/B überwachen
- Meinungsverschiedenheiten über die Eigenschaft von Stoffen und Bauteilen gemäß § 18 Abs. 4 VOB/B bei öffentlichen Auftraggebern **AG N 13**

aus der Sicht des Auftragnehmers

Mängelansprüche und Sicherheiten

- Fristablauf für Mängelansprüche überwachen
- Ablehnung unberechtigter Mängelbeseitigungsarbeiten wegen Verjährung oder Bedenkenanmeldungen ***AN N 8***
- Antrag auf Fristverlängerung zur Durchführung der Mängelbeseitigungsarbeiten gemäß § 13 Abs. 5 VOB/B ***AN N 9***
- Antrag auf Kostenübernahme für vergebliche Aufwendungen bei nicht berechtigten Mängelansprüchen ***AN N 10***
- Vereinbarung zur Minderung des Werklohns wegen Unmöglichkeit der Mängelbeseitigung ***AN N 11***
- Vereinbarung einer Haftungsaufteilung bei Mitverschulden des AG, seiner Erfüllungsgehilfen oder Ingenieurfehler ***AN N 12***
- Rückgabe der Bürgschaft für Mängelansprüche nach Fristablauf gemäß § 17 Abs. 8 Nr. 1 VOB/B ***AN N 18***
- Anrufung der vorgesetzten Stelle wegen Meinungsverschiedenheiten bei öffentlichen Auftraggebern gemäß § 18 Abs. 2 VOB/B ***AN N 19***

TEIL B – Musterbriefe

1 Musterbriefe für Auftraggeber VOB/B 2016

1.1 Vor der Bauzeit

1.2 Während der Bauzeit

1.2.1 Vergütungs- und Leistungsänderungen

1.2.2 Anordnungen/Anweisungen während der Leistungsausführung

1.2.3 Ausführungsfristen und Mängel vor Abnahme

1.2.4 Unterbrechung und Kündigung

1.3 Nach der Bauzeit

1.3.1 Abnahme

1.3.2 Schlussrechnung/Schlusszahlung

1.3.3 Mängel und Sicherheiten

Aufforderung zur gemeinsamen Zustandsfeststellung der Straßen oder der baulichen Anlagen im Baubereich gemäß § 3 Abs. 4 VOB/B

Vorbemerkung

Vor Beginn der Arbeiten sollte der Zustand der Straßen und Geländeoberfläche, der Vorfluter und Vorflutleitungen, ferner der baulichen Anlagen im Baubereich in einer Niederschrift festgehalten werden, die sowohl vom Auftraggeber als auch vom Auftragnehmer zu unterzeichnen ist. Die VOB/B verlangt hier zu Beweiszwecken Schriftform, weil der Zustand in der Regel schon kurze Zeit nach Aufnahme der Bauarbeiten nicht mehr in seiner Ursprungsform erkennbar ist. Diese Zustandsfeststellung ist von ihrer Idee her eine vertraglich vereinbarte Beweissicherung und das Protokoll als solches ein anerkanntes Beweismittel.

Die Zustandsfeststellung wird häufig von beiden Parteien als überflüssig und lästig empfunden. Gleichwohl kommt dieser Zustandsfeststellung eine enorme Bedeutung zu. Besondere Aufmerksamkeit ist der Zuwegung zum künftigen Baugrundstück zu widmen. Allzu häufig wird von den Vertragsparteien übersehen, dass zum Beispiel eine zur Zufahrt zum Grundstück gehörende Brücke weit weniger Lasten aushält, als die Vertragsparteien bei der Projektkalkulation in Richtung auf Transportkosten einkalkuliert haben.

Bei Kommunbebauung ist die Überprüfung der benachbarten Gebäude von großer Bedeutung. Der Zustand der Nachbargebäude ist mit hoher Genauigkeit zu überprüfen. Insbesondere sind etwaige Rissebildungen an den Bestandsgebäuden mit Fotoaufnahmen zu dokumentieren. Darüber hinaus ist es häufig geboten, die vorhandenen Risse an den Nachbargebäuden mit sogenannten „Gipsspionen" zu versehen, damit Veränderungen in der Rissesituation an diesen Gebäuden dokumentiert werden können.

Sollte die gemeinsame Feststellung zwischen den Parteien auf Schwierigkeiten stoßen, so ist es auch möglich, eine Zustandsfeststellung durch einen öffentlich bestellten und vereidigten Sachverständigen durchführen zu lassen, der allerdings von beiden Parteien akzeptiert werden muss. Sollte es in diesem Zusammenhang zu ernsten Auseinandersetzungen zwischen den Bauvertragsparteien kommen, ist auch ein gerichtliches Beweissicherungsverfahren (§§ 485 ff. ZPO) möglich.

> Vermerk für den internen Betriebsablauf:
> - Zugang des Schreibens kontrollieren
> - Terminvereinbarung ggf. auch mit Anwohnern
> - Niederschrift vorbereiten

Abs. Auftraggeber

An Auftragnehmer
Adresse

Ort, Datum

Gewerk: ....

Bauvorhaben: ....

In ....

Aufforderung zur gemeinsamen Zustandsfeststellung der Straßen oder der baulichen Anlagen im Baubereich gemäß § 3 Abs. 4 VOB/B

Sehr geehrte Damen und Herren,

wir haben am .... für das Bauvorhaben .... einen Bauvertrag abgeschlossen und dabei die Geltung der VOB/B miteinander vereinbart. Vor Aufnahme der Arbeiten ist gemäß § 3 Abs. 4 VOB/B eine Zustandsfeststellung der Straßen und der Geländeoberflächen und ggf. der baulichen Anlagen im Baubereich in einer Niederschrift festzuhalten.

Bitte vereinbaren Sie mit uns – jedenfalls vor Baubeginn – einen gemeinsamen Termin auf der Baustelle. Dort werden wir eine Niederschrift erstellen, in der wir den derzeitigen baulichen Zustand dokumentieren. Diese Niederschrift ist von uns gemeinsam zu erarbeiten und zu unterzeichnen.

Als Termin für die Durchführung und Erstellung der Niederschrift haben wir uns den .... vorgemerkt. Sollten Sie zu diesem Zeitpunkt verhindert sein, bitten wir um Kontaktaufnahme und gemeinsame Festlegung eines zeitnahen Termins.

Mit freundlichen Grüßen

Auftraggeber

Aufforderung zur Sicherheitsleistung zur Vertragserfüllung gemäß § 17 Abs. 7 VOB/B

Vorbemerkung

Die VOB/B sieht in § 17 Abs. 7 VOB/B vor, dass der Auftragnehmer binnen 18 Werktagen nach Abschluss des Bauvertrages eine Vertragserfüllungssicherheit zu erbringen hat, sofern im Bauvertrag die Stellung einer Vertragserfüllungssicherheit vereinbart worden ist. Die Frist zur Beibringung der Sicherheitsleistung durch den Auftragnehmer kann aber individuell geregelt werden.

Grundsätzlich hat der Auftragnehmer gemäß § 17 Abs. 3 VOB/B die Wahl, wie er die Vertragserfüllungssicherheit leisten will. Üblich ist die Stellung einer Vertragserfüllungsbürgschaft. Der Auftragnehmer kann die Sicherheit auch durch Geld leisten. Dann muss er den Sicherungsbetrag auf ein Sperrkonto einbezahlen, über das nur beide Parteien gemeinsam verfügen können (sogenanntes „Und-Konto“).

Leistet der Auftragnehmer eine vertraglich vereinbarte Vertragserfüllungssicherheit nicht fristgerecht, kann der Auftraggeber gemäß § 17 Abs. 7 VOB/B vom Guthaben des Auftragnehmers einen Betrag in Höhe der vereinbarten Sicherheit einbehalten.

Vermerk für den internen Betriebsablauf:

- Fristenkontrolle zur Beibringung der Sicherheit
- Vermerk zur Zahlungsausgangskontrolle

Abs. Auftraggeber

An Auftragnehmer
Adresse

Ort, Datum

Gewerk: ....

Bauvorhaben: ....

In ....

Aufforderung zur Sicherheitsleistung zur Vertragserfüllung gemäß § 17 Abs. 7 VOB/B

Sehr geehrte Damen und Herren,

gemäß Bauvertrag vom .... haben wir vereinbart, dass Sie zur Erfüllung der vertragsgemäßen Ausführung der zu erbringenden Bauleistung eine Sicherheit gemäß § 17 Abs. 2 VOB/B leisten. Diese ist gemäß § 17 Abs. 7 VOB/B binnen 18 Werktagen nach Abschluss des zwischen Ihnen und uns geschlossenen Werkvertrages zu erbringen.

Wir weisen Sie darauf hin, dass wir im Fall der nicht zeitgerechten Beibringung der Sicherheit von unserem Recht gemäß § 17 Abs. 7 VOB/B Gebrauch machen werden und von Ihrem Guthaben einen Betrag in Höhe der vereinbarten Sicherheit einbehalten.

Mit freundlichen Grüßen

Auftraggeber

Rückgabe der Sicherheitsleistung zur Vertragserfüllung wegen ungültiger Bedingungen gemäß § 17 Abs. 4 VOB/B

Vorbemerkung

§ 17 Abs. 4 VOB/B sieht eine Sicherheitsleistung durch Bürgschaft grundsätzlich als möglich an. Sie muss den Anforderungen der Sicherungsabrede des Auftraggebers genügen. Bei deren Gestaltung ist jedoch Vorsicht geboten.

Ist in der Sicherungsabrede beispielsweise die Vorgabe enthalten, dass die Bürgschaft unter Verzicht auf die Einrede der Anfechtbarkeit ausgestellt werden muss, ist diese Sicherungsabrede nach neuerer Rechtsprechung unwirksam.

§ 17 Abs. 4 S. 2 VOB/B verlangt, dass eine Bürgschaftsurkunde ausgestellt wird, in der ausdrücklich der Verzicht auf die Einrede der Vorausklage gem. § 771 BGB erklärt wird.

Darüber hinaus darf sie nicht auf eine datumstechnisch begrenzte Zeit ausgestellt sein. Der Auftraggeber darf keine Sicherheit in Form einer Bürgschaft verlangen, die den Bürgen zur Zahlung auf erstes Anfordern verpflichtet.

Vermerk für den internen Betriebsablauf:

- Prüfung der Wirksamkeit, ggf. Rechtsrat einholen
- Rücksendung der Bürgschaftsurkunde nebst Zustellungsnachweis
- Eingangskontrolle der gültigen Sicherheitsleistung

Abs. Auftraggeber

An Auftragnehmer
Adresse

Ort, Datum

Gewerk: ....

Bauvorhaben: ....

In ....

Rückgabe der Sicherheitsleistung zur Vertragserfüllung wegen ungültiger Bedingungen gemäß § 17 Abs. 4 VOB/B

Sehr geehrte Damen und Herren,

gemäß Bauvertrag vom .... haben wir vereinbart, dass eine Sicherheitsleistung für die vertragsgemäße Erbringung Ihrer Bauleistung bis zum .... erbracht wird.

Sie haben uns eine Bürgschaft übersandt, die den Anforderungen an eine Sicherheitsleistung gemäß § 17 Abs. 4 nicht entspricht. Es handelt sich darum, dass

- die Bürgschaft im Falle einer Inanspruchnahme unter dem Vorbehalt einer Vorausklage gem. § 771 BGB steht.
- die Geltung der Bürgschaft auf eine kalendermäßig bestimmte Frist begrenzt ist.
- die Bürgschaft den Vorgaben der Sicherungsabrede in Bezug auf .... nicht entspricht.

Unter den hier genannten Voraussetzungen können wir die vorgelegte Bürgschaft nicht akzeptieren. Wir gestatten uns daher, Ihnen die Bürgschaftsurkunde Nr. .... vom .... zurückzugeben.

Wir bitten Sie um Vorlage einer Bürgschaftsurkunde bis zum ....,

die den Vorgaben einer Sicherheitsleistung gemäß § 17 Abs. 4 VOB/B und unserer Sicherungsabrede entspricht. Andernfalls werden wir vom Auszahlungsguthaben den Betrag in Höhe der vereinbarten Sicherheit einbehalten (§ 17 Abs. 7 Satz 2 VOB/B).

Mit freundlichen Grüßen

Auftraggeber

Aufforderung zur Bauleiterbenennung des AN gemäß § 4 Abs. 1 Nr. 3 Satz 3 VOB/B

Vorbemerkung

Zur reibungslosen Abwicklung von Bauvorhaben und für das erfolgreiche Zusammenwirken der Unternehmer auf der Baustelle ist es für den Auftraggeber wichtig zu wissen, wer jeweils als Vertreter des Auftragnehmers zur Leitung der Ausführung bestellt ist.

Dem Auftraggeber ist gemäß § 4 Abs. 1 Nr. 3 S. 3 VOB/B mitzuteilen, wer auftragnehmerseitig für die Leitung der Baustelle bestellt ist und wem gegenüber er befugt ist, Anordnungen zu treffen, die zur vertragsgemäßen Ausführung der Leistung notwendig sind.

Vermerk für den internen Betriebsablauf: – Eingangskontrolle der Bekanntgabe des Bauleiters

Abs. Auftraggeber

An Auftragnehmer
Adresse

Ort, Datum

Gewerk: ....

Bauvorhaben: ....

In ....

Aufforderung zur Bauleiterbenennung des AN gemäß § 4 Abs. 1 Nr. 3 Satz 3 VOB/B

Sehr geehrte Damen und Herren,

wir bitten um Mitteilung, wer gemäß § 4 Abs. 1 Nr. 3 S. 3 VOB/B von Ihnen als Ihr Bauleiter benannt wird und befugt ist, Anordnungen entgegenzunehmen, die zur vertragsgemäßen Ausführung der Ihnen beauftragten Leistungen notwendig sind.

In Erwartung Ihrer Rückäußerung verbleiben wir

mit freundlichen Grüßen

Auftraggeber

Aufforderung zur Erbringung der vereinbarten Bauleistungen im eigenen Betrieb gemäß § 4 Abs. 8 Nr. 1 Satz 3 VOB/B

Vorbemerkung

Grundsätzlich hat der Auftragnehmer die ihm beauftragten Leistungen im eigenen Betrieb auszuführen. Möchte der Auftragnehmer die ihm beauftragten Arbeiten an Nachunternehmer übertragen, so bedarf es hierzu der vorangehenden schriftlichen Zustimmung des Auftraggebers. Eine solche Zustimmung ist nur dann entbehrlich, wenn Leistungen zu erbringen sind, auf die der Betrieb des Auftragnehmers nicht eingerichtet ist. Für den Fall, dass der Auftragnehmer ohne schriftliche Zustimmung seines Auftraggebers Leistungen nicht im eigenen Betrieb ausführt, obwohl sein Betrieb darauf eingerichtet ist, gibt dies dem Auftraggeber die Möglichkeit, dem Auftragnehmer eine angemessene Frist zur Aufnahme der Leistungen im eigenen Betrieb zu setzen. Für den Fall, dass der Auftragnehmer dieser Verpflichtung nicht nachkommt, kann der Auftraggeber erklären, dass er nach fruchtlosem Ablauf der gesetzten Frist zur Aufnahme der Arbeiten im eigenen Betrieb des Auftragnehmers den erteilten Auftrag kündigen werde (§ 8 Abs. 3 VOB/B).

Vermerk für den internen Betriebsablauf:

- Fristenkontrolle zur Selbsterbringung der geforderten Leistungen durch den Auftragnehmer
- Kündigung des Auftrags gemäß § 8 Abs. 3 VOB/B

Abs. Auftraggeber

An Auftragnehmer
Adresse

Ort, Datum

Gewerk: ....

Bauvorhaben: ....

In ....

Aufforderung zur Erbringung der vereinbarten Bauleistungen im eigenen Betrieb gemäß § 4 Abs. 8 Nr. 1 Satz 3 VOB/B

Sehr geehrte Damen und Herren,

wie Sie wissen, haben Sie als Auftragnehmer die Ihnen beauftragten Leistungen im eigenen Betrieb auszuführen. Wir haben festgestellt, dass Sie die Ihnen beauftragten Leistungen nicht im eigenen Betrieb ausführen, vielmehr diese an von Ihnen beauftragte Nachunternehmer übertragen. Wir stimmen dieser Übertragung auf Nachunternehmer ausdrücklich nicht zu und fordern Sie auf, die Ihnen übertragenen Arbeiten im eigenen Betrieb auszuführen.

Frist zur Aufnahme der Arbeiten im eigenen Betrieb ist ....

Nur vorsorglich weisen wir darauf hin, dass wir nach etwaigem fruchtlosem Ablauf der von uns hier gesetzten Frist zur Aufnahme im eigenen Betrieb den Auftrag kündigen werden (§ 8 Abs. 3 VOB/B).

In Erwartung Ihrer Rückäußerung verbleiben wir

mit freundlichen Grüßen

Auftraggeber

Aufforderung zur Einreichung von Eignungsnachweisen des Nachunternehmers gemäß § 4 Abs. 8 Nr. 3 Satz 1 VOB/B

Vorbemerkung

Gemäß § 4 Abs. 8 Nr. 3 VOB/B ist der Auftragnehmer verpflichtet, dem Auftraggeber die Nachunternehmer und deren Nachunternehmer ohne Aufforderung spätestens bis zum Leistungsbeginn des Nachunternehmers mit Namen, gesetzlichen Vertretern und Kontaktdaten bekannt zu geben.

Der Auftraggeber muss sicherstellen, dass alle auf der Baustelle tätigen Auftragnehmer eine Berechtigung zur Ausübung der ihnen beauftragten Tätigkeit haben. Auf Verlangen des Auftraggebers muss der Auftragnehmer für seine Nachunternehmer Erklärungen und Nachweise zur Eignung vorlegen.

Sollten sich bei einer externen Überprüfung entsprechende Unregelmäßigkeiten ergeben, ist der Auftraggeber vor möglichen Ansprüchen geschützt, wenn er vom Auftragnehmer Erklärungen und Nachweise zur Eignung erhalten hat.

Vermerk für den internen Betriebsablauf:

- Kontrolle der Nachunternehmerbekanntgabe vor Leistungsbeginn des Nachunternehmers
- Vorlage notwendiger Erklärungen und Nachweise zur Eignung des Nachunternehmers innerhalb der gesetzten Frist überwachen und prüfen
- Mahnung im Falle des fruchtlosen Fristablaufes

Abs. Auftraggeber

An Auftragnehmer
Adresse

Ort, Datum

Gewerk: ....

Bauvorhaben: ....

In ....

hier: **Aufforderung zur Einreichung von Eignungsnachweisen des Nachunternehmers gemäß § 4 Abs. 8 Nr. 3 Satz 1 VOB/B**

Sehr geehrte Damen und Herren,

wie Sie wissen, sind Sie als Auftragnehmer verpflichtet, Ihren Nachunternehmer und deren Nachunternehmer spätestens bis zum Leistungsbeginn des Nachunternehmers mit Namen, gesetzlichen Vertretern und Kontaktdaten zu benennen.

Wir haben festgestellt, dass

☐ die Meldung des Nachunternehmers/und deren Nachunternehmer

☐ die Vorlage der Erklärungen und Nachweise zur Eignung Ihrer Nachunternehmer

noch nicht erfolgt ist.

Wir erwarten die Erledigung bis zum ....

Mit freundlichen Grüßen

Auftraggeber

Mitteilung des Baubeginns gemäß § 5 Abs. 2 VOB/B

Vorbemerkung

Haben die Parteien keine definitive Frist für den Beginn der Bauarbeiten im Bauvertrag vereinbart, so hat der Auftragnehmer innerhalb von 12 Werktagen nach Aufforderung durch den Auftraggeber mit den Arbeiten zu beginnen. Es bedarf keiner Erklärung, dass die genaue Festlegung des Baubeginns für den Ablauf des Bauvorhabens von entscheidender Bedeutung ist, insbesondere im Hinblick auf etwaige spätere Ansprüche des Auftragnehmers wegen Mehrkostenforderungen oder aufgrund von Bauzeitverschiebung. Auch die Ansprüche des Auftraggebers auf die Einhaltung von Vertragsfristen werden durch einen verzögerten Baubeginn sofort gefährdet.

Vorzugswürdig ist demgemäß eine genaue, datenmäßige Festlegung des Baubeginns. Nicht ausreichend sind Angaben zum Baubeginn wie zum Beispiel „je nach Witterung", „vermutlich am ...". Bei einer nach Werktagen bemessenen Frist gelten auch die Samstage als Werktage. Nach übereinstimmender Rechtsauffassung ist der in der Praxis übliche Ausdruck „Beginn der Ausführung" als Anfangstermin nicht bestimmt genug. Unklar bleibt bei derartiger Formulierung die Frage, ob damit nur der Beginn der Vorbereitungsarbeiten etwa im Betrieb des Auftragnehmers gemeint sein könnte, oder der Beginn des Einrichtens der Baustelle oder die Aufnahme der eigentlichen Bauarbeiten gemeint sind.

Der Auftragnehmer ist verpflichtet, dem Auftraggeber den Beginn der Bauarbeiten anzuzeigen.

Vermerk für den internen Betriebsablauf:

- Kontrolle der Mitteilung über die Bauausführungsfristen
- Baubeginn kontrollieren und dokumentieren
- Eingang der Baubeginnsanzeige durch den Auftragnehmer kontrollieren

Abs. Auftraggeber

An Auftragnehmer
Adresse

Ort, Datum

Gewerk: ....

Bauvorhaben: ....

In ....

Mitteilung des Baubeginns gemäß § 5 Abs. 2 VOB/B

Sehr geehrte Damen und Herren,

in dem zwischen Ihnen und uns geschlossenen Bauvertrag vom .... konnte noch keine Frist vereinbart werden, zu der mit dem Bauvorhaben begonnen werden muss. Sie haben uns aufgefordert, Auskunft über den voraussichtlichen Beginn der Bauarbeiten zu erteilen.

Wir können Ihnen heute mitteilen, dass mit der Ausführung der Bauarbeiten verbindlich am .... begonnen werden kann.

Wir fordern Sie daher auf, innerhalb von 12 Werktagen nach Zugang dieses Schreibens mit den Bauarbeiten vor Ort zu beginnen.

Wir bitten Sie, uns gemäß § 5 Abs. 2 VOB/B den Beginn der Ausführung der Bauarbeiten anzuzeigen.

Mit freundlichen Grüßen

Auftraggeber

Verlangen nach Einheitspreisanpassung wegen Mengenüberschreitungen gemäß § 2 Abs. 3 VOB/B

Vorbemerkung

§ 2 Abs. 3 Nr. 2 VOB/B regelt den Fall, dass der im Mengengerüst des Auftraggebers angegebene Mengenansatz einer Position um mehr als 10 % überschritten wird.

Ferner ist geregelt, dass in diesem Fall ein „neuer Preis" unter Berücksichtigung der Mehr- und Minderkosten auf Verlangen zu vereinbaren ist. Dieses Verlangen können sowohl Auftraggeber als auch Auftragnehmer aussprechen.

Aus der Perspektive des Auftraggebers wird der neu zu vereinbarende Einheitspreis für die über 10 v. H. hinausgehende Mengenmehrung billiger zu veranschlagen sein. Nach der neuesten Rechtsprechung des Bundesgerichtshofs kommt es für die Ermittlung des neuen Preises auf die Urkalkulation des Auftraggebers nicht mehr an. Die Rechtsprechung betrachtet die Abweichungen als Vertragslücke und bewertet die Verpflichtung zur Preisfortschreibung als beendet. Maßgeblich soll in derartigen Fällen die dem Auftragnehmer tatsächlich entstehenden Kosten für die Leistung der Mehrmengen sein, soweit keine anderslautenden Vereinbarungen getroffen wurden.

Soweit die Mengenmehrung bereits während der Bauausführung festgestellt wird, kann die Leistungsänderung auch Auswirkungen auf Bauzeit oder auf das Zusammenwirken der anderen Unternehmer nach sich ziehen. Hinsichtlich der Auswirkungen der Mengenmehrung auf den Bauablauf sollte eine Abstimmung und Koordinierung im Rahmen der Bauüberwachung mit dem AN und etwaigen anderen betroffenen Gewerken erfolgen.

Vermerk für den internen Betriebsablauf:

- Zustellung des Schreibens überwachen, wonach eine Mengenmehrung zu erwarten ist, soweit Anzeigepflicht vertraglich vereinbart worden ist
- Prüfung der Mehrmengen und der neuen Preisbildung
- Auswirkungen auf das Zusammenwirken mit den verschiedenen Unternehmern prüfen
- Anpassung und Fortschreibung des Bauzeitenplanes veranlassen

Abs. Auftraggeber

An Auftragnehmer
Adresse

Ort, Datum

Gewerk: ....

Bauvorhaben: ....

In ....

Verlangen nach Einheitspreisanpassung wegen Mengenüberschreitungen gemäß § 2 Abs. 3 VOB/B

Sehr geehrte Damen und Herren,

im Laufe der Bauausführung ist es im Hinblick auf die Position .... zu einer Mengenüberschreitung von mehr als 10 % gegenüber der ursprünglich im Bauvertrag vorgesehenen und vereinbarten Mengen gekommen.

§ 2 Abs. 3 Nr. 2 VOB/B sieht vor, dass auf Verlangen ein neuer Preis unter Berücksichtigung der Mehr- oder Minderkosten zu vereinbaren ist. Wir kommen nach sorgfältiger Überprüfung zu dem Ergebnis, dass der deutlich über die ursprüngliche Kalkulation hinausgehende Mengenansatz dazu führt, dass für die über 10 % hinausgehende Überschreitung des Mengenansatzes für die Position .... ein günstigerer Einheitspreis in Ansatz zu bringen ist.

Wir fordern Sie daher auf, uns bis zum .... den gemäß § 2 Abs. 3 Nr. 2 VOB/B modifizierten Preis zu benennen, für den ausschließlich die Ihnen tatsächlich entstehenden Kosten maßgeblich sind.

Soweit sich die Mengenmehrung auf die Bauzeit oder auf das Zusammenwirken der anderen Unternehmer auswirkt, bitten wir um Bekanntgabe der Bauablaufänderungen.

Mit freundlichen Grüßen

Auftraggeber

Widerspruch zur Ankündigung zusätzlicher Vergütungsansprüche wegen nicht vertraglich vorgesehener Bauleistungen gemäß § 2 Abs. 6 VOB/B in Verbindung mit § 5 Abs. 4 VOB/B

Vorbemerkung

Es geschieht häufig, dass der Auftragnehmer der Auffassung ist, dass zur sach- und fachgerechten Erstellung des Bauvorhabens Nachtragsleistungen erforderlich sind, also solche Leistungen, die vom Bauvertrag selbst nicht erfasst sind.

Der Auftraggeber muss sorgfältig überprüfen, ob tatsächlich ein vergütungspflichtiger Nachtrag vom Auftragnehmer geltend gemacht werden kann, oder ob die angekündigte Leistung nicht ohnehin Teil des Gesamtauftrages ist. Nicht selten handelt es sich dabei um sogenannte Nebenleistungen, die sich aus den Vorschriften der VOB Teil C Allgemeine Technische Vertragsbedingungen für Bauleistungen (ATV) ergeben. Solche Leistungen sind nicht gesondert vergütungsfähig.

Abs. Auftraggeber

An Auftragnehmer
Adresse

Ort, Datum

Gewerk: ....

Bauvorhaben: ....

In ....

Widerspruch zur Ankündigung zusätzlicher Vergütungsansprüche wegen nicht vertraglich vorgesehener Bauleistungen gemäß § 2 Abs. 6 VOB/B in Verbindung mit § 5 Abs. 4 VOB/B

Sehr geehrte Damen und Herren,

mit Schreiben vom .... haben Sie erklärt, dass es sich bei den Leistungen in Form von .... um vertraglich nicht vorgesehene Zusatzleistungen handeln würde. Für die Erbringung dieser Leistungen machen Sie einen Anspruch auf zusätzliche Vergütung geltend.

Wir haben diese Nachträge sehr sorgfältig durchgesehen und kommen zu dem Ergebnis, dass ein Anspruch auf die von Ihnen geltend gemachte zusätzliche Vergütung nicht besteht. Vielmehr ist der von Ihnen verlangte Nachtrag im vertraglich vereinbarten Leistungsumfang enthalten.

Nur der guten Ordnung halber weisen wir darauf hin, dass die von Ihnen angekündigten Leistungen in jedem Falle auszuführen sind. Sollten Sie dem nicht Folge leisten, müssen Sie mit einer Vertragskündigung gemäß § 5 Abs. 4 in Verbindung mit § 8 Abs. 3 VOB/B rechnen.

Mit freundlichen Grüßen

Auftraggeber

Widerspruch zum Verlangen nach Anpassung des Pauschalpreises gemäß § 2 Abs. 7 VOB/B in Verbindung mit § 5 Abs. 4 VOB/B

Vorbemerkung

Der Pauschalvertrag bringt für beide Vertragsparteien den Vorteil, dass aufgrund einer vertraglich vereinbarten Summe das Bauvorhaben durchgeführt wird und Abschlagszahlungen datumstechnisch oder dem jeweiligen Baufortschritt angepasst geltend gemacht werden können.

Weicht jedoch die ausgeführte Leistung von der vertraglich vorgesehenen Leistung so erheblich ab, dass dem Auftragnehmer ein Festhalten an der Pauschalsumme nicht zumutbar ist, so ist auf Verlangen des Auftragnehmers ein Ausgleich unter Berücksichtigung der Mehr- oder Minderkosten zu gewähren.

Anspruchsgrundlage ist Wegfall der Geschäftsgrundlage gemäß § 313 BGB, der die Parteien zu einer Anpassung des Vertragspreises berechtigt. Der Auftraggeber neigt naturgemäß dazu, Arbeiten, die der Auftragnehmer zusätzlich und außerhalb des Pauschalvertrages ausführt, als zum Pauschalvertrag zugehörig zu betrachten. Es ist beiden Vertragsparteien demgemäß zu empfehlen, auch im Pauschalvertrag den Leistungsumfang, den Zeitraum und das zum Einsatz kommende Material vertraglich zu bestimmen, um nach Möglichkeit Streitigkeiten wegen des vertraglich vereinbarten Umfangs der mit der Pauschalsumme abgegoltenen Leistungen zu vermeiden.

Vermerk für den internen Betriebsablauf:
- Zustellung des Schreibens überwachen
- Fristenkontrolle zur Beseitigung der auftragslos erbrachten Leistungen
- Prüfung der Auswirkungen auf den Bauablauf und Bauzeitenverschiebungen
- Prüfung etwaiger daraus resultierender Schadenersatzansprüche

Abs. Auftraggeber

An Auftragnehmer
Adresse

Ort, Datum

Gewerk: ....

Bauvorhaben: ....

In ....

Widerspruch zum Verlangen nach Anpassung des Pauschalpreises gemäß § 2 Abs. 7 VOB/B in Verbindung mit § 5 Abs. 4 VOB/B

Sehr geehrte Damen und Herren,

mit Schreiben vom .... haben Sie erklärt, dass die tatsächlich zu erbringenden Bauleistungen vom vertraglich vorgesehenen Umfang so erheblich abweichen, dass ein Festhalten am Pauschalpreis nicht hinzunehmen sei.

Wir haben Ihr Verlangen sehr sorgfältig geprüft und kommen zu dem Ergebnis, dass ein Anspruch auf die von Ihnen geltend gemachte Preisanpassung nicht besteht. Vielmehr ist der von Ihnen verlangte Nachtrag im vertraglich vereinbarten Leistungsumfang bereits enthalten.

Nur der guten Ordnung halber weisen wir daraufhin, dass die von Ihnen angekündigten Leistungen in jedem Falle auszuführen sind.

Sollten Sie mit Fertigstellung der Leistung in Verzug geraten, werden wir die vereinbarte Vertragsstrafe bzw. Schadenersatz gemäß § 6 Abs. 6 VOB/B Ihnen gegenüber geltend machen.

Mit freundlichen Grüßen

Auftraggeber

Beseitigung auftragslos erbrachter Leistungen gemäß § 2 Abs. 8 Nr. 1 VOB/B

Vorbemerkung

§ 2 Abs. 8 Nr. 1 VOB/B beruht auf dem allgemein anerkannten Rechtsgrundsatz, dass niemandem eine Leistung aufgedrängt werden darf, die dieser nicht gewollt hat. In der Regel handelt es sich um zwei Fälle, die zur Abweichung von den im Vertrag beauftragten Leistungen führen:

a) Leistung ohne Auftrag (sogenannte quantitative Abweichung)

b) Eigenmächtige Abweichung vom Vertrag (sogenannte qualitative Abweichung)

Leistungen, die der Auftragnehmer ohne Auftrag oder unter eigenmächtiger Abweichung vom Auftrag ausführt, werden deshalb von vorne herein nicht vergütet.

Darüber hinaus muss der Auftragnehmer diese Leistungen auf Verlangen des Auftraggebers innerhalb einer angemessenen Frist beseitigen. Tut er dies nicht, kann die Beseitigung auf seine Kosten erfolgen.

Darüber hinaus haftet der Auftragnehmer dem Auftraggeber für weitere Schäden, die dem Auftraggeber hieraus entstehen.

Die VOB/B wertet eine eigenmächtige Abweichung von der vertraglich geschuldeten Leistung als mangelhafte Leistung im Sinne des § 4 Abs. 7 VOB/B. Nach dieser Vorschrift muss der Auftragnehmer noch während der Bauzeit mangelhafte Leistungen durch mangelfreie ersetzen.

§ 2 Abs. 8 Nr. 1 S. 1 VOB/B stellt insoweit eine zusätzliche Sonderregelung dar.

Vermerk für den internen Betriebsablauf:

- Zustellung des Schreibens überwachen
- Fristenkontrolle zur Beseitigung der auftragslos erbrachten Leistungen
- Prüfung etwaiger daraus resultierender Schadenersatzansprüche

Abs. Auftraggeber

An Auftragnehmer
Adresse

Ort, Datum

Gewerk: ....

Bauvorhaben: ....

In ....

Beseitigung auftragslos erbrachter Leistungen gemäß § 2 Abs. 8 Nr. 1 VOB/B

Sehr geehrte Damen und Herren,

anlässlich der letzten Baustellenbegehung haben wir festgestellt, dass Sie als Auftragnehmer Leistungen ausgeführt haben, die weder beauftragt wurden noch zur Erfüllung der vertraglichen Leistung gehören, geschweige denn, dass sie unserem mutmaßlichen Willen entsprechen könnten. Die Abweichung von dem Ihnen erteilten Auftrag ist so gravierend, dass eine Vergütung respektive Anerkennung dieser Leistungen nicht infrage kommt.

Im Gegenteil:

Wir haben Sie aufzufordern, die ohne Auftrag erbrachten Arbeiten innerhalb von .... Tagen völlig zu beseitigen. Sollten Sie diese Frist nicht einhalten, werden wir die Beseitigung dieser Arbeiten auf Ihre Kosten durchführen lassen.

Wir machen nur der guten Ordnung halber darauf aufmerksam, dass Sie auch für andere Schäden, die uns aufgrund dieser Situation schon entstanden sind oder noch entstehen könnten, uneingeschränkt haften.

Mit freundlichen Grüßen

Auftraggeber

Verlangen nach Diebstahlschutz und Winterdienst gemäß § 4 Abs. 5 VOB/B

Vorbemerkung

Bei § 4 Abs. 5 VOB/B handelt es sich um sogenannte vertragliche Nebenpflichten des Auftragnehmers. In dieser Vorschrift werden dem Auftragnehmer besondere Sorgfaltspflichten auferlegt, deren Verletzung zu erheblichen Schadenersatzansprüchen des Auftraggebers führen kann.

Insbesondere die Ausbaugewerke sind in diesem Zusammenhang besonders betroffen. Mehr denn je muss der Unternehmer darauf achten, dass sein Gewerk bis zur Abnahme vor Beschädigungen durch Dritte geschützt wird. Materialien muss er ausreichend vor Diebstahl und Beschädigungen schützen.

Auf ausdrückliches Verlangen des Auftraggebers muss der Auftragnehmer die Baustelle auch vor Winterschäden und Grundwasser bewahren und auch die Baustelle von Schnee und Eis reinigen, wenn dies der Auftraggeber verlangt. In der Regel sind diese Schutzmaßnahmen, wenn sie gemäß Satz 2 auf Verlangen des Auftraggebers erbracht werden müssen, in der vertraglichen Vergütung enthalten. Sie sind insoweit eine Nebenpflicht des Auftragnehmers. Aus Satz 3 ergibt sich, dass die Vergütung dieser Verpflichtungen des Auftragnehmers nach § 2 Abs. 6 VOB/B geregelt werden, wenn sie nicht als Bauleistung im Vertrag enthalten sind.

Vermerk für den internen Betriebsablauf:

- Zugang der Anordnung kontrollieren
- Frist zur Erledigung der Schutzmaßnahmen vormerken
- Ersatzvornahme prüfen und ggf. anordnen

Abs. Auftraggeber

An Auftragnehmer
Adresse

Ort, Datum

Gewerk: ....

Bauvorhaben: ....

In ....

Verlangen nach Diebstahlschutz und Winterdienst gemäß § 4 Abs. 5 VOB/B

Sehr geehrte Damen und Herren,

anlässlich unseres letzten Kontrollbesuches auf der Baustelle am .... haben wir festgestellt,

- dass Ihnen für die Ausführung übergebene Gegenstände und Materialien nicht ausreichend vor Diebstahl geschützt sind,
- dass die von Ihnen erbrachten Leistungen nicht ausreichend vor Beschädigungen durch Dritte geschützt sind,
- dass die ausgeführten Leistungen durch Winterschäden gefährdet sind,
- dass die ausgeführten Leistungen durch Grundwasserschäden bedroht sind.

Außerdem müssen wir Sie in diesem Zusammenhang auch darauf hinweisen, dass Sie verpflichtet sind, Schnee und Eis von der Baustelle in eigener Verantwortung zu beseitigen.

In diesem Zusammenhang erlauben wir uns den Hinweis, dass Sie diese Verpflichtung bereits im Bauvertrag übernommen haben und sie daher nicht gesondert zu vergüten ist.

Mit freundlichen Grüßen

Auftraggeber

Anordnung zur Entfernung von Stoffen und Bauteilen, die dem Bauvertrag nicht entsprechen, gemäß § 4 Abs. 6 VOB/B

Vorbemerkung

Der Auftraggeber muss sehr genau darauf achten, dass nur Baustoffe, Bauteile und Maschinen eingesetzt werden, die nach dem Vertrag oder den Proben als Bauleistung geschuldet werden.

§ 4 Abs. 6 VOB/B stellt insoweit eine Besonderheit dar, als hier Ansprüche des Auftraggebers geregelt werden, die noch vor Abnahme entstehen. Der Auftraggeber kann eine angemessene Frist zur Entfernung der Stoffe und Bauteile setzen und sie im Falle des fruchtlosen Fristablaufes auf Kosten des Auftragnehmers entfernen lassen oder auf seine Rechnung veräußern.

Maßgeblich für diese Vorschrift ist, dass der Auftraggeber für die Aufrechterhaltung der allgemeinen Ordnung auf der Baustelle gemäß § 4 Abs. 1 Nr. 1 VOB/B verantwortlich ist.

Vermerk für den internen Betriebsablauf:
- Zugang der Anordnung kontrollieren
- Frist zur Beseitigung vormerken
- Entfernung der Baustoffe auf Kosten des Auftragnehmers durchführen
- Veräußerung der Baustoffe auf Rechnung des Auftragnehmers durchführen

Abs. Auftraggeber

An Auftragnehmer
Adresse

Ort, Datum

Gewerk: ....

Bauvorhaben: ....

In ....

Anordnung zur Entfernung von Stoffen und Bauteilen, die dem Bauvertrag nicht entsprechen, gemäß § 4 Abs. 6 VOB/B

Sehr geehrte Damen und Herren,

anlässlich unseres Besuches auf der Baustelle am .... haben wir festgestellt, dass Sie bei der Ausführung der Ihnen übertragenen Leistungen Stoffe und Bauteile verwenden, die dem zwischen Ihnen und uns abgeschlossenen Vertrag nicht entsprechen. Wir haben Sie demgemäß aufzufordern, innerhalb von 8 Tagen diese vertragsfremden Stoffe und Bauteile von der Baustelle zu entfernen. Nur vorsorglich weisen wir daraufhin, dass wir bei Missachtung der von uns gesetzten Frist berechtigt sind, auf Ihre Kosten die Stoffe und Bauteile zu entfernen bzw. auf Ihre Rechnung zu veräußern (§ 4 Abs. 6 VOB/B).

Mit freundlichen Grüßen

Auftraggeber

Zustandsfeststellung für in Teilen fertig gestellte Bauleistungen gemäß § 4 Abs. 10 VOB/B

Vorbemerkung

§ 4 Abs. 10 VOB/B ist keine Abnahme im rechtlichen Sinne des § 12 VOB/B.

Der Sinn dieser Vorschrift besteht darin, den Zustand von Leistungen festzustellen, die bei weiterer Ausführung der Prüfung und Feststellung entzogen sein werden. Daher ist es im Sinne beider Vertragsparteien, diese sog. „technische Abnahme“ durchzuführen und über die Feststellungen ein von Auftragnehmer und Auftraggeber zu unterzeichnendes Protokoll anzufertigen.

Festzuhalten ist an dieser Stelle, dass ein Auftraggeber, der seine Mitwirkung an einer Zustandsfeststellung gemäß § 4 Abs. 10 VOB/B verweigert, eine Pflichtverletzung im Sinne der §§ 280, 241 Abs. 2 BGB begeht. Dies kann dazu führen, dass etwa vorhandene Mängel, die aber nicht festgestellt werden, später zu Lasten des Auftraggebers als Umkehr der Beweislast gewertet werden.

Vermerk für den internen Betriebsablauf:

- Zugang des Verlangens nach „technischer Abnahme“ kontrollieren
- Termin zur Durchführung der gemeinsamen Zustandsfeststellungen vormerken
- Dokumentation über die Zustandsfeststellungen vorbereiten
- Unterzeichnung der Niederschrift durch die Vertragsparteien prüfen

Abs. Auftraggeber

An Auftragnehmer
Adresse

Ort, Datum

Gewerk: ....

Bauvorhaben: ....

In ....

Zustandsfeststellung für in Teilen fertig gestellte Bauleistungen gemäß § 4 Abs. 10 VOB/B

Sehr geehrte Damen und Herren,

bei unserem Besuch auf der Baustelle am .... haben wir festgestellt, dass eine Reihe von Leistungen von Ihnen fertig gestellt worden sind, deren Zustand durch die weitere Ausführung der Prüfung und Feststellung entzogen sein wird.

Gemäß § 4 Abs. 10 VOB/B bitten wir Sie, gemeinsam mit uns diese von Ihnen fertig gestellten Leistungen festzustellen und zu protokollieren.

Als Termin schlagen wir den .... vor.

In diesem Zusammenhang können wir auch die für die spätere Abrechnung notwendigen Feststellungen gemeinsam vornehmen, gemäß § 14 Abs. 2 VOB/B.

Nur der guten Ordnung halber weisen wir in diesem Zusammenhang darauf hin, dass diese Zustandsfeststellung keine Abnahme im Sinne des § 12 VOB/B darstellt.

In Erwartung Ihrer Rückäußerung verbleiben wir

mit freundlichen Grüßen

Auftraggeber

Aufforderung zur Mängelbeseitigung während der Bauzeit gemäß § 4 Abs. 7 VOB/B

Vorbemerkung

§ 4 Abs. 7 VOB/B ist eine Regelung, die ausdrücklich für den VOB/B-Vertrag gilt. Das Rügerecht des Auftraggebers schon während der Ausführung der Arbeiten des Auftragnehmers kennt das BGB in dieser Form nicht.

Das BGB geht davon aus, dass dem Auftragnehmer die Möglichkeit gegeben werden soll, etwa aufgetretene Mängel während der Ausführung der Arbeiten bis zum Zeitpunkt der Abnahme in eigener Verantwortung zu beseitigen. Darüber hinaus normiert die VOB/B in § 4 Abs. 7 VOB/B eine Schadenersatzpflicht des Auftragnehmers für zusätzliche Kosten, die dadurch entstehen, dass der Auftragnehmer den gerügten Mangel oder die Vertragswidrigkeit während der Entstehung des Bauvorhabens zu vertreten hat.

Kommt der Auftragnehmer der Verpflichtung aus § 4 Abs. 7 VOB/B nicht nach, kann ihm der Auftraggeber nach einer angemessenen Frist den Auftrag kündigen und die ihm gemäß § 8 Abs. 3 VOB/B zustehenden Ansprüche geltend machen.

Vermerk für den internen Betriebsablauf:

- Zugang der Aufforderung zur Mängelbeseitigung kontrollieren
- Fristenkontrolle für die Durchführung der Mängelbeseitigungsarbeiten
- Dokumentation der Fristüberschreitung und etwaiger Mängelansprüche
- Nachfristsetzung mit Kündigungsandrohung

Abs. Auftraggeber

An Auftragnehmer
Adresse

Ort, Datum

Gewerk: ....

Bauvorhaben: ....

In ....

Aufforderung zur Mängelbeseitigung während der Bauzeit gemäß § 4 Abs. 7 VOB/B

Sehr geehrte Damen und Herren,

anlässlich unseres letzten Kontrollbesuches auf der Baustelle am .... mussten wir feststellen, dass Ihre Leistungen mangelhaft oder vertragswidrig ausgeführt worden sind. Sie finden im Anhang zu diesem Schreiben die Liste der von uns als mangelhaft festgestellten Arbeiten.

Wir haben Sie aufzufordern, die von uns gerügten mangelhaften Leistungen unverzüglich, spätestens bis zum .... durch mangelfreie Leistungen zu ersetzen. Gemäß § 4 Abs. 7 VOB/B sind Sie verpflichtet, diese Mängelbeseitigungsarbeiten auf eigene Kosten durchzuführen.

Nur vorsorglich weisen wir darauf hin, dass Sie auch für etwaige Schäden einzustehen haben, die durch die von Ihnen mangelhaft ausgeführten Arbeiten schon entstanden sind oder noch entstehen werden. Ferner kündigen wir Ihnen an, dass wir Ihnen den Auftrag im Falle des fruchtlosen Verstreichens der oben gesetzten Frist kündigen werden, gemäß § 4 Abs. 7 in Verbindung mit § 8 Abs. 3 VOB/B.

Mit freundlichen Grüßen

Auftraggeber

Fristsetzung zur Mängelbeseitigung vor Abnahme gemäß § 4 Abs. 7 VOB/B mit Kündigungsandrohung gemäß § 8 Abs. 3 VOB/B

Vorbemerkung

Leistungen, die der Auftraggeber schon während der Ausführungszeit als mangelhaft oder vertragswidrig erkennt, muss der Auftragnehmer auf eigene Kosten durch mangelfreie ersetzen.

Kommt der Auftragnehmer der Verpflichtung zur Beseitigung der vom Auftraggeber gerügten Mängel nicht nach, besteht für den Auftraggeber nach entsprechender Abmahnung die Möglichkeit, den Auftrag gemäß § 8 Abs. 3 VOB/B zu kündigen.

Diese Regelung in der VOB/B ist eine Besonderheit insoweit, als das BGB ein solches Rügerecht dem Auftraggeber während der Ausführungszeit nicht gewährt. Im BGB-Bauvertrag kann der Auftragnehmer sich auf den Standpunkt stellen, dass der gerügte Bauzustand ein vorläufiger ist und der Auftragnehmer bis zum Zeitpunkt der Abnahme alle gerügten Mängel in eigener Verantwortung beheben kann.

Das Recht des Auftraggebers gemäß § 4 Abs. 7 VOB/B ist also ein Spezialrecht, das der Auftraggeber nur dann zur Verfügung hat, wenn die Parteien tatsächlich die VOB/B als Ganzes miteinander vereinbart haben.

Vermerk für den internen Betriebsablauf:
- Vertrag prüfen, ob VOB/B als Ganzes gilt
- Zugang der Mahnung zur Mängelbeseitigung kontrollieren
- Fristenkontrolle für die Durchführung der Mängelbeseitigungsarbeiten
- Dokumentation der Fristüberschreitung und etwaiger Mängelansprüche
- Auftragsentzug prüfen

Abs. Auftraggeber

An Auftragnehmer
Adresse

Ort, Datum

Gewerk: ....

Bauvorhaben: ....

In ....

Fristsetzung zur Mängelbeseitigung vor Abnahme gemäß § 4 Abs. 7 VOB/B mit Kündigungsandrohung gemäß § 8 Abs. 3 VOB/B

Sehr geehrte Damen und Herren,

mit Schreiben vom .... haben wir Sie aufgefordert, die in der beigefügten Mängelliste vom .... aufgeführten Mängel an von Ihnen durchgeführten Arbeiten unverzüglich fachgerecht und zeitnah zu beheben.

Bedauerlicherweise sind Sie dieser Aufforderung nach unserer Überprüfung nicht nachgekommen. Wir setzen Ihnen hiermit eine Frist zur Beseitigung der von uns gemäß Mängelliste vom .... gerügten Mängel bis zum ....

Nur vorsorglich weisen wir Sie darauf hin, dass wir bei etwaigem fruchtlosem Ablauf dieser von uns gesetzten Frist gemäß § 4 Abs. 7 in Verbindung mit § 8 Abs. 3 VOB/B den Auftrag kündigen werden.

Mit freundlichen Grüßen

Auftraggeber

Abhilfeverlangen wegen unzureichender Baustellenausstattung gemäß § 5 Abs. 3 und 4 VOB/B

Vorbemerkung

Die VOB/B gibt in § 5 Abs. 3 VOB/B dem Auftraggeber das Recht, jederzeit zu überprüfen, ob Arbeitskräfte, Geräte, Gerüste, Stoffe oder Bauteile ausreichend auf der Baustelle vorhanden sind, damit das gesamte Bauvorhaben in der zwischen den Parteien vereinbarten Ausführungsfrist auch tatsächlich hergestellt werden kann. Gelangt der Auftraggeber zu der Auffassung, dass die Baustellenausstattung unzureichend ist, kann er vom Auftragnehmer verlangen, unverzüglich – also ohne schuldhaftes Zögern – Abhilfe zu schaffen, um die vereinbarten Ausführungsfristen einzuhalten.

Mit der Aufforderung, für Verstärkung auf der Baustelle zu sorgen, ist der Auftragnehmer darauf hinzuweisen, dass er im Falle der Nichteinhaltung der getroffenen Anordnung mit der Kündigung des Bauvertrages gemäß § 5 Abs. 3 und 4 VOB/B zu rechnen hat.

Vermerk für den internen Betriebsablauf:

- Zugang der Anordnung kontrollieren
- Kontrolle der Baustellenbesetzung
- Dokumentation des Bauablaufes und der Baustellenbesetzung
- etwaige Kündigung des Auftrags prüfen

Abs. Auftraggeber

An Auftragnehmer
Adresse

Ort, Datum

Gewerk: ....

Bauvorhaben: ....

In ....

Abhilfeverlangen wegen unzureichender Baustellenausstattung gemäß § 5 Abs. 3 und 4 VOB/B

Sehr geehrte Damen und Herren,

anlässlich unseres Besuches auf der Baustelle mussten wir feststellen, dass sowohl die Arbeitskräfte, als auch Geräte, Gerüste, Baustoffe und Bauteile so unzureichend sind, dass damit gerechnet werden muss, dass die zwischen Ihnen und uns vertraglich vereinbarten Ausführungsfristen nicht eingehalten werden können.

Demgemäß haben wir Sie aufzufordern, geeignete Abhilfe zu schaffen, damit der vereinbarte Bauzeitenplan und die dort geregelten Ausführungsfristen zuverlässig eingehalten werden können, insbesondere die Baustelle mit ausreichend Personal auszustatten. Wir erwarten, dass Sie unserer Aufforderung unverzüglich, spätestens jedoch bis zum .... nachkommen.

Für den Fall, dass Sie unserem Abhilfeverlangen wegen der unzureichenden Baustellenausstattung nicht in der oben genannten Frist entsprechen, werden wir nach fruchtlosem Fristablauf den Vertrag gemäß § 5 Abs. 3 und 4 VOB/B in Verbindung mit § 8 Abs. 3 VOB/B kündigen.

Auf die uns in diesem Fall darüber hinaus zustehenden Schadenersatzansprüche gemäß § 6 Abs. 6 VOB/B weisen wir Sie bereits heute hin.

Mit freundlichen Grüßen

Auftraggeber

Verzug bei der Erbringung der Bauleistungen gemäß § 5 Abs. 4 VOB/B und Kündigungsandrohung gemäß § 8 Abs. 3 Nr. 1 VOB/B

Vorbemerkung

Die VOB/B gibt in § 5 Abs. 4 VOB/B dem Auftraggeber die Möglichkeit, bei Verzögerung des Baubeginns oder der Vollendung durch den Auftragnehmer bei Aufrechterhaltung des Vertrages Schadenersatz zu verlangen oder eine angemessene Frist zur Vertragserfüllung zu setzen.

In letzterem Fall muss der Auftraggeber darüber hinaus erklären, dass er im Falle des fruchtlosen Fristablaufes den Bauvertrag gemäß § 8 Abs. 3 VOB/B kündigen werde.

Vermerk für den internen Betriebsablauf:

- Zugang der Inverzugsetzung nebst Kündigungsandrohung kontrollieren
- Ausführungsfristen überwachen und Baufortschritt dokumentieren
- bei fruchtlosem Fristablauf Kündigung des Bauvertrages gemäß § 8 Abs. 3 VOB/B

Abs. Auftraggeber

An Auftragnehmer
Adresse

Ort, Datum

Gewerk: ....

Bauvorhaben: ....

In ....

Verzug bei der Erbringung der Bauleistungen gemäß § 5 Abs. 4 VOB/B und Kündigungsandrohung gemäß § 8 Abs. 3 Nr. 1 VOB/B

Sehr geehrte Damen und Herren,

nach den Fristen des vertraglich vereinbarten Bauzeitenplanes waren Sie verpflichtet, spätestens am ....

- ☐ mit der Ausführung Ihrer Bauleistungen zu beginnen,
- ☐ folgende Teilleistungen gemäß Baustellenprotokoll vom .... fertigzustellen,
- ☐ Ihre Leistungen abnahmereif fertigzustellen.

Diese Verpflichtung haben Sie nicht erfüllt, da .... (ggf. Zustandsbeschreibung und Fotodokumentation).

Aufgrund der gegebenen Sachlage haben wir Sie aufzufordern, bis zum .... mit der Ausführung Ihrer Leistungen zu beginnen (optional: Ihre Leistungen fertigzustellen).

Sollten Sie dieser Aufforderung nicht fristgerecht nachkommen, werden wir den Bauvertrag mit Ihnen gemäß § 5 Abs. 4 in Verbindung mit § 8 Abs. 3 Nr. 1 VOB/B kündigen.

Mit freundlichen Grüßen

Auftraggeber

Anlage
Zustandsfeststellung und Fotodokumentation

Geltendmachung von Schadenersatz aus Bauablaufstörungen und Bauzeitverzögerungen gemäß § 6 Abs. 6 S. 1 VOB/B

Vorbemerkung

§ 6 Abs. 6 S. 1 VOB/B ist eine Anspruchsgrundlage, die alle Arten einer Fristüberschreitung erfasst, unabhängig davon, ob sie vom Auftragnehmer oder vom Auftraggeber oder auch von beiden ausgelöst worden sind.

Jede Vertragspartei erhält im Falle von hindernden Umständen, die die jeweils andere Partei zu vertreten hat, gemäß § 6 Abs. 6 S. 1 VOB/B Ersatz des nachweislich entstandenen Schadens. Einen Anspruch auf entgangenen Gewinn besteht jeweils nur bei Vorsatz oder grober Fahrlässigkeit.

In § 6 Abs. 6 S. 2 VOB/B ist lediglich klargestellt, dass der Anspruch des Auftragnehmers auf angemessene Entschädigung gemäß § 642 BGB unberührt bleibt. Dieser regelt einen Anspruch des Auftragnehmers auf angemessene Entschädigung, solange die hindernden Umstände, die der Auftraggeber zu vertreten hat, andauern. Nach der neuesten Rechtsprechung des Bundesgerichtshofs können über § 642 BGB nur mehr Entschädigungsansprüche, die in den Zeitraum der Behinderung fallen, geltend gemacht werden. Mehrkosten des Auftragnehmers die erst nach Wegfall der Behinderung – aber gerade wegen der Behinderung – entstanden sind, werden von § 642 BGB nicht erfasst.

Die Rechtsprechung stellt an den Nachweis all dieser Ansprüche extrem hohe Anforderungen. Der Ersatz des nachweislich entstandenen Schadens oder der des entgangenen Gewinns wird in aller Regel nur durch ein profiliertes Sachverständigengutachten ausreichend begründbar sein.

Vermerk für den internen Betriebsablauf:

- Dokumentation des Schadens
- Fristüberwachung

Abs. Auftraggeber

An Auftragnehmer
Adresse

Ort, Datum

Gewerk: ....

Bauvorhaben: ....

In ....

Geltendmachung von Schadenersatz aus Bauablaufstörungen und Bauzeitverzögerungen gemäß § 6 Abs. 6 S. 1 VOB/B

Sehr geehrte Damen und Herren,

wie Sie wissen, sind bei oben genanntem Bauvorhaben die zwischen Ihnen und uns vereinbarten Fristen für den Ablauf des Bauvorhabens in nicht unerheblichem Umfang überzogen worden. Nach unserem jetzigen Kenntnisstand sind die Verzögerungen ausschließlich von Ihrer Seite zu vertreten. Gemäß § 6 Abs. 6 S. 1 VOB/B haben wir dementsprechend Anspruch auf Ersatz des uns nachweislich entstandenen Schadens.

Im Anhang zu diesem Schreiben haben wir die Schadensursachen und ihre zeitlichen und finanziellen Auswirkungen dargestellt. Die von uns gemäß beiliegender Liste ermittelten Schadenspositionen belaufen sich auf € ....

Wir haben Sie demgemäß aufzufordern, uns den bisher entstandenen Schaden durch Zahlung auf unser Konto .... zu ersetzen. Als Frist für den Zahlungseingang setzen wir Ihnen den ....

Sollten wir den Zahlungseingang innerhalb der gesetzten Frist nicht feststellen können, müssen Sie damit rechnen, dass wir den uns nachweislich entstandenen Schaden gerichtlich geltend machen werden.

Mit freundlichen Grüßen

Auftraggeber

Anlage
Aufstellung der Schadensforderung

Geltendmachung von Schadenersatzansprüchen aus Behinderung gemäß § 6 Abs. 6 VOB/B wegen Vorsatzes/grober Fahrlässigkeit

Vorbemerkung

§ 6 Abs. 6 S. 1 VOB/B ist eine Anspruchsgrundlage, die alle Arten einer Fristüberschreitung erfasst, unabhängig davon, ob sie vom Auftragnehmer oder vom Auftraggeber oder auch von beiden ausgelöst worden sind.

Jede Vertragspartei erhält im Falle von hindernden Umständen, die die jeweils andere Partei zu vertreten hat, gemäß § 6 Abs. 6 S. 1 VOB/B Ersatz des nachweislich entstandenen Schadens. Ein Anspruch auf entgangenen Gewinn besteht jeweils nur bei Vorsatz oder grober Fahrlässigkeit.

Die Rechtsprechung stellt an den Nachweis, wonach entgangener Gewinn aufgrund von Vorsatz oder grober Fahrlässigkeit zu bezahlen ist, außerordentliche Anforderungen. Der entgangene Gewinn wird in aller Regel nur durch ein profiliertes Sachverständigengutachten ausreichend nachweisbar sein.

Abs. Auftraggeber

An Auftragnehmer
Adresse

Ort, Datum

Gewerk: ....

Bauvorhaben: ....

In ....

Geltendmachung von Schadenersatzansprüchen aus Behinderung gemäß § 6 Abs. 6 VOB/B wegen Vorsatzes/grober Fahrlässigkeit

Sehr geehrte Damen und Herren,

wir haben festgestellt, dass es bei Ihnen beauftragten Arbeiten zu erheblichen Fristüberschreitungen gekommen ist, die gemäß dem Ergebnis unserer Nachforschungen allein Ihnen zuzurechnen sind. Wir gehen davon aus, dass Sie diese Verzögerungen aufgrund grober Fahrlässigkeit, möglicherweise sogar vorsätzlich verursacht haben.

Durch dieses rechtswidrige Verhalten steht uns gemäß § 6 Abs. 6 VOB/B nicht nur der Ersatz des nachweislichen Schadens, sondern auch entgangener Gewinn zu. Eine entsprechende Aufstellung des uns entstandenen Schadens sowie des entgangenen Gewinns bei dem hier streitgegenständlichen Bauvorhaben haben wir beigefügt.

Wir gehen davon aus, dass Sie es nicht zu einer gerichtlichen Auseinandersetzung kommen lassen wollen und erwarten die Zahlung des von uns ermittelten Schadens in angemessener Frist. Sollten wir allerdings bis zum .... ohne Nachricht von Ihrer Seite geblieben sein, werden wir den uns durch Ihr Verhalten entstandenen Schaden gerichtlich geltend machen.

Mit freundlichen Grüßen

Auftraggeber

Anlage
Schadensberechnung
Wirtschaftsprüfertestat über den entgangenen Gewinn

Kündigung des Bauvertrages wegen Unterbrechung (länger als 3 Monate) gemäß § 6 Abs. 7 VOB/B

Vorbemerkung

Es kommt immer wieder vor, dass ein Bauvorhaben über einen längeren Zeitraum unterbrochen werden muss – aus welchen Gründen auch immer. Dauert eine solche Unterbrechung länger als 3 Monate, können sowohl der Auftraggeber als auch der Auftragnehmer den Vertrag schriftlich kündigen.

Die Kündigung gemäß § 6 Abs. 7 VOB/B muss also immer unter konkretem Nachweis des Zeitablaufes und schriftlich erfolgen. Die Abrechnung des Vertrages nach erfolgter Kündigung wird nach den Vorgaben der §§ 6 Abs. 5 und 6 VOB/B durchgeführt, wonach der Vertragspartei, die die hindernden Umstände nicht zu vertreten hat, Anspruch auf Schadenersatz zusteht, sofern die andere Partei die Behinderung zu vertreten hat. Ein Anspruch auf entgangenen Gewinn besteht jedoch nur bei Vorsatz oder grober Fahrlässigkeit.

Wenn der Auftragnehmer die Unterbrechung nicht zu vertreten hat, kann er auch die Kosten der Baustellenräumung geltend machen, falls diese Kosten nicht schon in der Vergütung für die bereits ausgeführten Leistungen enthalten sind.

Vermerk für den internen Betriebsablauf:

- Zustellung der Kündigung überwachen
- Abnahme nach Kündigung und Abrechnung abstimmen

Abs. Auftraggeber

An Auftragnehmer
Adresse

Ort, Datum

Gewerk: ....

Bauvorhaben: ....

In ....

Kündigung des Bauvertrages wegen Unterbrechung (länger als 3 Monate) gemäß § 6 Abs. 7 VOB/B

Sehr geehrte Damen und Herren,

bei unserem Bauvorhaben ist ein Stillstand eingetreten, der nunmehr länger als 3 Monate andauert. Gemäß § 6 Abs. 7 VOB/B

k ü n d i g e n

wir hiermit den mit Ihnen abgeschlossenen Bauvertrag.

Die Abrechnung der bisher erbrachten Leistungen ist in den §§ 6 Abs. 5 und 6 VOB/B geregelt. Die Abrechnung werden wir in den nächsten Wochen mit Ihnen abstimmen.

Wir bedauern diese Entwicklung sehr und verbleiben

mit freundlichen Grüßen

Auftraggeber

Kündigung des Nachunternehmerbauvertrages gemäß § 8 Abs. 4 VOB/B wegen Kündigung des Hauptauftrages

Vorbemerkung

In der VOB/B 2016 wurde § 8 Abs. 4 wie folgt neu gefasst:

Der Auftraggeber kann den Vertrag kündigen,

1. wenn der Auftragnehmer aus Anlass der Vergabe eine Abrede getroffen hatte, die eine unzulässige Wettbewerbsbeschränkung darstellt. Abs. 3 Nr. 1 Satz 2 und Nr. 2 bis 4 gilt entsprechend.
2. sofern dieser im Anwendungsbereich des 4. Teils des GWB geschlossen wurde,
   a) wenn der Auftragnehmer wegen eines zwingenden Ausschlussgrundes zum Zeitpunkt des Zuschlags nicht hätte beauftragt werden dürfen. Abs. 3 Nr. 1 Satz 2 und Nr. 2 bis 4 gilt entsprechend.
   b) bei wesentlicher Änderung des Vertrages oder bei Feststellung einer schweren Verletzung der Verträge über die Europäische Union und die Arbeitsweise der Europäischen Union durch den Europäischen Gerichtshof. Die ausgeführten Leistungen sind nach § 6 Abs. 5 abzurechnen. Etwaige Schadenersatzansprüche der Parteien bleiben unberührt.

Die Kündigung ist innerhalb von 12 Werktagen nach Bekanntwerden des Kündigungsgrundes auszusprechen.

Nach § 8 Abs. 4 wird ein zusätzlicher Absatz eingefügt:

> „Sofern der Auftragnehmer die Leistung, ungeachtet des Anwendungsbereiches des 4. Teils des GWB, ganz oder teilweise an Nachunternehmer weitervergeben hat, steht auch ihm das Kündigungsrecht gemäß Abs. 4 Nr. 2 Buchstabe b zu, wenn der ihn als Auftraggeber verpflichtende Vertrag (Hauptauftrag) gem. Abs. 4 Nr. 2 Buchstabe b gekündigt wurde. Entsprechendes gilt für jeden Auftraggeber der Nachunternehmerkette, sofern sein jeweiliger Auftraggeber den Vertrag gem. Satz 1 gekündigt hat.“

Aufgrund der neu in Kraft getretenen Regelungen ist der Auftraggeber berechtigt, den Vertrag mit dem Nachunternehmer zu kündigen, wenn ihm durch den Hauptauftraggeber oder seinem Auftraggeber aus der Nachunternehmerkette der Vertrag gekündigt wurde.

Vermerk für den internen Betriebsablauf:

- Zugang der Kündigung innerhalb von 12 Werktagen nach Bekanntwerden des Kündigungsgrundes kontrollieren
- Zustandsfeststellung und Beiziehung eines öffentlich bestellten und vereidigten Bausachverständigen
- Ergebnis protokollieren und Niederschrift zusenden
- Dokumentation der vorhandenen Geräte und Einrichtungen und Baustoffe durchführen

Abs. Auftraggeber

An Auftragnehmer
Adresse

Ort, Datum

Gewerk: ....

Bauvorhaben: ....

In ....

Kündigung des Nachunternehmerbauvertrages gemäß § 8 Abs. 4 VOB/B wegen Kündigung des Hauptauftrages

Sehr geehrte Damen und Herren,

mit Schreiben vom .... wurde der zwischen uns und der Firma .... als Hauptauftraggeber geschlossene Bauvertrag gemäß § 8 Abs. 4 Nr. 2 Buchstabe b gekündigt.

Aufgrund dieser Kündigung sehen wir uns veranlasst, auch den zwischen Ihnen und uns geschlossenen Nachunternehmervertrag vom .... gemäß § 8 Abs. 5 VOB/B zu kündigen.

Bitte vereinbaren Sie mit uns einen Termin, damit wir den Zustand von Teilen der bereits erbrachten Leistungen zur Vorbereitung der Abrechnung gemeinsam feststellen können.

Mit freundlichen Grüßen

Auftraggeber

Abnahmeverweigerung nach Fertigstellungsanzeige gemäß § 12 Abs. 5 Nr. 1 VOB/B und Vorbehalt der Vertragsstrafe

Vorbemerkung

Gemäß § 12 Abs. 5 Nr. 1 VOB/B gilt die Leistung als abgenommen mit Ablauf von 12 Werktagen nach schriftlicher Mitteilung des Auftragnehmers an den Auftraggeber, dass er die vertraglich vereinbarte Bauleistung fertiggestellt habe, wenn die Parteien keine förmliche Abnahme im Bauvertrag vereinbart haben.

Der Auftraggeber muss in Fällen, in denen er diese Abnahmewirkung nicht eintreten lassen will, binnen 12 Werktagen nach Mitteilung des Auftragnehmers erklären, dass er die Abnahme verweigert. Die Abnahmeverweigerung kann darin begründet sein, dass die Leistung aus der Sicht des Auftraggebers noch nicht abnahmereif ist, weil die Leistung noch nicht vollständig erbracht ist und/oder wesentliche Mängel an der Werkleistung festgestellt worden sind.

Achtung: Nach ständiger Rechtsprechung genügt für die Abnahmefiktion gemäß § 12 Abs. 5 Nr. 1 VOB/B auch die Übersendung der Schlussrechnung des Auftragnehmers an den Auftraggeber.

Nicht nur bekannte Mängel, auch Vorbehalte wegen Vertragsstrafen hat der Auftraggeber innerhalb der Frist gemäß § 12 Abs. 5 Nr. 1 VOB/B zu erklären.

Achtung!

- Fristenkontrolle 12 Werktage nach Zugang der Fertigstellungsanzeige oder Schlussrechnung
- Zugang der Erklärung über die Abnahmeverweigerung und den Vorbehalt der Vertragsstrafe sicherstellen
- Kontrolle der Mängelbeseitigungsarbeiten
- Dokumentation der Ansprüche aus Vertragsstrafe erstellen

Abs. Auftraggeber

An Auftragnehmer
Adresse

Ort, Datum

Gewerk: ....

Bauvorhaben: ....

In ....

Abnahmeverweigerung nach Fertigstellungsanzeige gemäß § 12 Abs. 5 Nr. 1 VOB/B und Vorbehalt der Vertragsstrafe

Sehr geehrte Damen und Herren,

Sie haben uns am .... mitgeteilt, dass Sie die Ihnen beauftragten Leistungen bei unserem Bauvorhaben fertiggestellt haben. Da wir vertraglich keine förmliche Abnahme vereinbart haben, läuft demgemäß die 12-Werktagefrist des § 12 Abs. 5 Nr. 1 VOB/B für die Geltendmachung der Vorbehalte gemäß § 12 Abs. 5 Nr. 3 VOB/B.

Bei Übernahme der von Ihnen erbrachten Werkleistungen haben wir allerdings festgestellt, dass Teile der Ihnen beauftragten Leistungen noch gar nicht erbracht sind und andere Leistungen mit erheblichen Mängeln belastet sind. Von einer vertragsgerechten Fertigstellung der von Ihnen erbrachten Leistungen kann daher keine Rede sein, sodass wir die Abnahme des Bauwerkes gemäß § 12 Abs. 3 VOB/B verweigern.

Wir fordern Sie auf, die noch ausstehenden Leistungen fertigzustellen und die in der beiliegenden Liste gerügten Mängel den Regeln der Technik entsprechend bis zum .... zu beseitigen. Wir fordern hiermit gem. § 12 Abs. 4 Nr. 1 VOB/B förmliche Abnahme, welche wir nach vollständiger Fertigstellung und fachgerechter Beseitigung der in der Liste aufgeführten Mängel vornehmen werden.

Gleichzeitig teilen wir mit, dass wir uns die Geltendmachung der uns zustehenden Ansprüche aus Vertragsstrafe vorbehalten.

Mit freundlichen Grüßen

Auftraggeber

Anlage
Mängelliste

Abnahmeverweigerung gemäß § 12 Abs. 5 Nr. 2 VOB/B

Vorbemerkung

§ 12 Abs. 5 Nr. 2 VOB/B eröffnet die Möglichkeit, die Abnahme eines Bauvorhabens ohne Abnahmeerklärung durch Ingebrauchnahme der Bauleistung durch den Auftraggeber wirksam werden zu lassen. Die Benutzung des Werks zur Weiterführung der Arbeiten am Gebäude gilt nicht als Abnahme.

6 Tage nach Beginn der Benutzung der baulichen Anlage durch den Auftraggeber gilt dann das Bauvorhaben als abgenommen, es sei denn, die Parteien hätten im Bauvertrag oder in den allgemeinen Geschäftsbedingungen eine andere Regelung getroffen.

Der Auftraggeber muss in Fällen, in denen er diese Abnahmewirkung nicht eintreten lassen will, binnen 6 Werktagen erklären, dass er die Abnahmewirkung nicht eintreten lassen will, weil die Leistung noch nicht abnahmereif ist und/oder wesentliche Mängel an der Werkleistung festgestellt worden sind.

Nicht nur bekannte Mängel, auch Vorbehalte wegen Vertragsstrafe hat der Auftraggeber innerhalb der Frist gemäß § 12 Abs. 5 Nr. 2 zu erklären.

Achtung!

- Fristenkontrolle 6 Werktage nach Ingebrauchnahme
- Zugang der Erklärung über die Abnahmeverweigerung und den Vorbehalt der Vertragsstrafe sicherstellen
- Kontrolle der Mängelbeseitigungsarbeiten
- Dokumentation der Ansprüche aus Vertragsstrafe erstellen

Abs. Auftraggeber

An Auftragnehmer
Adresse

Ort, Datum

Gewerk: ....

Bauvorhaben: ....

In ....

Abnahmeverweigerung gemäß § 12 Abs. 5 Nr. 2 VOB/B

Sehr geehrte Damen und Herren,

wir haben die von Ihnen erbrachte Bauleistung am .... in Benutzung genommen und haben festgestellt, dass Teile der Ihnen beauftragten Leistungen noch gar nicht erbracht sind und andere Leistungen mit erheblichen Mängeln belastet sind. Von einer vertragsgerechten Fertigstellung der von Ihnen erbrachten Leistungen kann daher keine Rede sein.

Da wir vertraglich keine Abnahme vereinbart haben, läuft demgemäß die 6-Werktagefrist des § 12 Abs. 5 Nr. 2 VOB/B nach Inbenutzungnahme der Werkleistung.

Wir fordern Sie demgemäß auf, die noch ausstehenden Leistungen zu erstellen und die in der beiliegenden Liste gerügten Mängel sachgerecht abzuarbeiten. Wir fordern hiermit gem. § 12 Abs. 4 Nr. 1 VOB/B förmliche Abnahme, welche wir nach vollständiger Fertigstellung und fachgerechter Beseitigung der in der Liste aufgeführten Mängel vornehmen werden.

Gleichzeitig teilen wir mit, dass wir uns die Geltendmachung der uns zustehenden Ansprüche aus Vertragsstrafe vorbehalten.

Mit freundlichen Grüßen

Auftraggeber

Anlage
Mängelliste

Geltendmachung der Vertragsstrafe gemäß § 11 VOB/B

Vorbemerkung

Die Vertragsstrafe stellt einen pauschalierten Schadenersatz für den Fall dar, dass der Auftragnehmer seine vertraglichen Pflichten nicht innerhalb der vorgesehenen Frist erfüllt hat und mit der Fertigstellung in Verzug geraten ist. Nach den Vorschriften des § 11 VOB/B können die Parteien die Vertragsstrafe im Rahmen der §§ 339 bis 345 BGB vereinbaren. Von der Höhe her gilt nach ständiger Rechtsprechung ein Maximum von 5 % der Auftragssumme bzw. 0,3 % pro Arbeitstag oder 0,2 % pro Kalendertag.

Der Auftraggeber muss sich bei Abnahme die Geltendmachung der Vertragsstrafe für die verspätet fertiggestellten Leistungen vorbehalten. Vergisst der Auftraggeber bei der Abnahme des Gewerks, diesen Vorbehalt ausdrücklich zu erklären, kann er die Vertragsstrafe gemäß § 11 Abs. 4 VOB/B nicht mehr geltend machen.

Im § 12 Abs. 4 Nr. 1 VOB/B wird vom Normengeber noch mal mit allem Nachdruck darauf hingewiesen, dass bei förmlicher Abnahme in die Niederschrift über die Abnahme der Vorbehalt der Vertragsstrafen ausdrücklich aufzunehmen ist.

Wenn der Auftraggeber keine Abnahme verlangt, so muss er innerhalb der gemäß § 12 Abs. 5 Nr. 1 (12 Werktage nach schriftlicher Mitteilung für die Fertigstellung oder Zugang der Schlussrechnung) oder § 12 Abs. 5 Nr. 2 VOB/B (innerhalb von 6 Werktagen nach Benutzung) geltenden Fristen erklären, dass er eine Vertragsstrafe fordern wird.

Vermerk für den internen Betriebsablauf:

- Gültigkeit der Vertragsstrafenregelung prüfen (Begrenzung der Höhe nach)
- Vermerk des Vorbehalts zur Geltendmachung der Vertragsstrafe im Abnahmeprotokoll
- Fristenkontrolle des Vertragsstrafenvorbehalts bei Zugang der Fertigstellungsanzeige innerhalb von 12 Werktagen
- Nach ständiger Rechtsprechung genügt für die Abnahmefiktion gemäß § 2 Abs. 5 Nr. 1 VOB/B auch die Übersendung der Schlussrechnung des Auftragnehmers an den Auftraggeber!
- Fristenkontrolle des Vertragsstrafenvorbehalts bei Ingebrauchnahme innerhalb von 6 Werktagen ab Benutzung
- Dokumentation der Fristüberschreitung
- Zahlungsaufforderung an den Auftragnehmer zur Begleichung der Vertragsstrafe
- Zahlungseingangskontrolle

Abs. Auftraggeber

An Auftragnehmer
Adresse

Ort, Datum

Gewerk: ....

Bauvorhaben: ....

In ....

Geltendmachung der Vertragsstrafe gemäß § 11 VOB/B

Sehr geehrte Damen und Herren,

wie Sie wissen, konnte die Fertigstellung unseres Bauvorhabens gemäß den zwischen Ihnen und uns vereinbarten Vertragsfristen nicht erreicht werden, weil Sie mit der Fertigstellung in Verzug geraten sind.

Wir machen demgemäß von dem uns gemäß § 11 VOB/B zustehenden Recht der Geltendmachung einer Vertragsstrafe Gebrauch.

In der Anlage zu diesem Schreiben haben wir die jeweiligen Fristüberschreitungen datumstechnisch erfasst. Daraus ergibt sich ein Vertragsstrafenanspruch für insgesamt .... Tage Verzug in Höhe von ....

Wir bitten um Ausgleich bis zum .... auf das folgende Konto: ....

Mit freundlichen Grüßen

Auftraggeber

Anlage
Aufstellung der Fristüberschreitungen

Aufforderung zur Erstellung der prüfbaren Schlussrechnung gemäß § 14 Abs. 4 VOB/B

Vorbemerkung

Die VOB/B billigt dem Auftraggeber das Recht zu, eine prüfbare Abrechnung der vom Auftragnehmer erbrachten Leistungen in kurzer Frist nach Fertigstellung des Bauvorhabens zu verlangen.

Gemäß § 14 Abs. 3 VOB/B muss der Auftragnehmer seine Schlussrechnung über die von ihm erbrachten Leistungen bei einer Ausführungszeit von höchstens drei Monaten spätestens 12 Werktage nach der Fertigstellung der Arbeiten beim Auftraggeber einreichen.

Diese Frist verlängert sich um jeweils 6 Werktage für je weitere 3 Monate Ausführungszeit.

Allerdings räumt die VOB/B den Parteien hier die Möglichkeit ein, eine andere Frist für die Vorlage der Schlussrechnung zu vereinbaren. Der Auftraggeber sollte demgemäß den Bauvertrag auch dahingehend überprüfen, ob etwa für die Vorlage der Schlussrechnung von § 14 Abs. 3 VOB/B abweichende Regelungen getroffen worden sind.

Kommt der Auftragnehmer seiner Verpflichtung zur Erstellung der Schlussrechnung innerhalb der vertraglich vereinbarten Frist nicht nach, kann der Auftraggeber gemäß § 14 Abs. 4 VOB/B dafür eine angemessene Nachfrist setzen und nach fruchtlosem Fristablauf die Schlussrechnung selbst auf Kosten des Auftragnehmers erstellen.

Abs. Auftraggeber

An Auftragnehmer
Adresse

Ort, Datum

Gewerk: ....

Bauvorhaben: ....

In ....

Aufforderung zur Erstellung der prüfbaren Schlussrechnung gemäß § 14 Abs. 4 VOB/B

Sehr geehrte Damen und Herren,

bei oben genanntem Bauvorhaben haben Sie nach unseren Feststellungen die werkvertraglich geschuldeten Leistungen zwischenzeitlich vollständig erbracht. Gleichwohl haben wir bislang keine prüfbare Schlussrechnung für Ihr Gewerk gemäß § 14 Abs. 1 VOB/B erhalten. Die in dieser Vorschrift bestimmten Fristen sind bereits überschritten.

Demgemäß haben wir Sie aufzufordern, Ihre Leistungen in der gemäß § 14 Abs. 1 VOB/B beschriebenen Form prüfbarer abzurechnen. Die zum Nachweis von Art und Umfang der Leistung erforderlichen Mengenberechnungen, Zeichnungen und die vertraglich vereinbarten Belege sind beizufügen. Den Eingang der Schlussrechnung erwarten wir bis spätestens ....

Nach Ablauf dieser Frist werden wir eine prüfbare Rechnung auf Ihre Kosten selbst erstellen.

Mit freundlichen Grüßen

Auftraggeber

Schlusszahlungserklärung mit Hinweis auf Ausschlusswirkung der Schlusszahlung gemäß § 16 Abs. 3 Nr. 2 VOB/B

Vorbemerkung

Die Schlusszahlungserklärung gemäß § 16 Abs. 3 VOB/B ist eine der umstrittensten Regelungen innerhalb der VOB/B. Eine Parallele hierzu gibt es im BGB nicht. Die Rechtsprechung hält diese Vorschrift für nicht ausgewogen und mit den Regelungen für die Allgemeinen Geschäftsbedingungen (§§ 305 ff. BGB) nicht vereinbar. Der BGH ist in mehreren Urteilen zu der Erkenntnis gelangt ist, dass die Bedingungen des § 16 Abs. 3 Nr. 2 und Nr. 3 VOB/B nur dann Bestand haben können, wenn die VOB/B „als Ganzes" vereinbart worden ist und damit die Privilegierung gemäß § 310 Abs. 1 S. 3 BGB genießt. In diesem Fall findet eine AGB-Kontrolle der Regelungen der VOB/B nicht statt.

Gemäß § 16 VOB/B Abs. 3 Nr. 2 muss der Auftraggeber den Auftragnehmer schriftlich auf die Ausschlusswirkungen der Schlusszahlung hinweisen und erklären, dass die vorbehaltlose Annahme der Schlusszahlung Nachforderungen ausschließt.

Gemäß § 16 VOB/B Abs. 3 Nr. 3 steht es einer Schlusszahlung gleich, wenn der Auftraggeber auf die bereits erbrachten Zahlungen verweist und jedwede weitere Zahlung endgültig schriftlich ablehnt.

Dies ist eine Spezialregelung der VOB/B, deren Auswirkung für den „unachtsamen" Auftragnehmer gravierende Folgen haben kann, wenn er die Fristen zur Erklärung des Vorbehaltes gemäß § 16 Abs. 3 Nr. 5 versäumt.

Vermerk für den internen Betriebsablauf:

- Zahlungsanweisung in Höhe der Schlusszahlungserklärung an Auftragnehmer
- Zugang der Schlusszahlungserklärung überwachen
- Fristenkontrolle wegen des Vorbehaltes des Auftraggebers zur Schlusszahlungserklärung
- Dokumentation für die Finanzbuchhaltung

Abs. Auftraggeber

An Auftragnehmer
Adresse

Ort, Datum

Gewerk: ....

Bauvorhaben: ....

In ....

Schlusszahlungserklärung mit Hinweis auf Ausschlusswirkung der Schlusszahlung gemäß § 16 Abs. 3 Nr. 2 VOB/B

Sehr geehrte Damen und Herren,

Ihre Schlussrechnung haben wir sorgfältig überprüft und festgestellt, dass Ihnen ein Schlusszahlungsbetrag in Höhe von

€ ....

zusteht.

Wir haben Ihnen diesen Betrag zwischenzeitlich auf das von Ihnen angegebene Konto überwiesen.

Der guten Ordnung halber weisen wir daraufhin, dass die vorbehaltlose Annahme der Schlusszahlung Nachforderungen gemäß § 16 Abs. 3 Nr. 2 VOB/B ausschließt.

Mit freundlichen Grüßen

Auftraggeber

Schlusszahlungserklärung wegen bereits erbrachter Abschlagszahlungen gemäß § 16 Abs. 3 Nr. 3 VOB/B

Vorbemerkung

Die VOB/B unterscheidet zwei Formen der sogenannten Schlusszahlungserklärung. Das ist zum einen die Schlusszahlungserklärung gemäß § 16 Abs. 3 Nr. 2 VOB/B und die gemäß § 16 Abs. 3 Nr. 3 VOB/B.

Die „Gefahr" für den Auftragnehmer bei einer Schlusszahlungserklärung gemäß § 16 Abs. 3 Nr. 3 VOB/B besteht häufig darin, dass er den Charakter der Schlusszahlungserklärung und deren Auswirkungen nicht ohne Weiteres erkennen kann, weil der Begriff der Schlusszahlung nicht zwingend im Anschreiben an den Auftragnehmer erscheinen muss.

Es reicht aus, wenn der Auftraggeber unter Hinweis auf geleistete Zahlungen weitere Zahlungen endgültig ablehnt.

Vermerk für den internen Betriebsablauf:

- Zugang der Schlusszahlungserklärung überwachen
- Fristenkontrolle wegen des Vorbehalts des Auftraggebers zur Schlusszahlungserklärung
- Dokumentation für die Finanzbuchhaltung

Abs. Auftraggeber

An Auftragnehmer
Adresse

Ort, Datum

Gewerk: ....

Bauvorhaben: ....

In ....

Schlusszahlungserklärung wegen bereits erbrachter Abschlagszahlungen gemäß § 16 Abs. 3 Nr. 3 VOB/B

Sehr geehrte Damen und Herren,

Ihre Schlussrechnung vom .... haben wir sorgfältig überprüft.

Wie Sie wissen, haben wir auf die von Ihnen geltend gemachten Werklohnforderungen pünktlich Abschlagszahlungen geleistet. Wir stellen fest, dass Ihnen auf die ausgewiesene Schlusszahlungsforderung aufgrund der bereits geleisteten Zahlungen keine weiteren Ansprüche zustehen.

Wir lehnen daher weitere Zahlungen im Sinne des § 16 Abs. 3 Nr. 3 VOB/B auf Ihre Schlussrechnung ab.

Mit freundlichen Grüßen

Auftraggeber

Ablehnung der Rückgabe der Vertragserfüllungsbürgschaft gemäß § 17 Abs. 8 Nr. 1 VOB/B

Vorbemerkung

Der Auftragnehmer erwartet nach Abnahme die Rückgabe einer nicht verwerteten Vertragserfüllungsbürgschaft, spätestens mit Stellung der Sicherheit für die Mängelansprüche.

Der Auftraggeber darf jedoch den Teil der Sicherheitsleistung für die Vertragserfüllung einbehalten, den er für Ansprüche geltend macht, die von der gestellten Sicherheit für Mängelansprüche nicht umfasst sind. Hierzu zählen Vertragsstrafen- und Schadensersatzansprüche aus der Bauzeit, soweit diese von der Vertragserfüllungssicherheit umfasst sind.

Unverzichtbare Voraussetzung für die Rückgabe der Vertragserfüllungsbürgschaft ist die Abnahme und die vollständige Fertigstellung des Bauvorhabens.

Hinweis zur Unterscheidung: Ansprüche wegen Mängeln, die bei Abnahme vorbehalten worden sind oder nach Abnahme auftreten, werden mittels Sicherheitsleistung für Mängelansprüche abgedeckt.

Die Erfahrung lehrt, dass in diesem Unterscheidungsbereich häufig Abwicklungsprobleme auftreten. Hier sollten die Parteien nach Möglichkeit gemeinsame Abwicklungsmodalitäten treffen. Nicht zuletzt deshalb, weil wechselseitige Interessen der Parteien zu erfüllen sind.

Vermerk für den internen Betriebsablauf:

- Frist für Mängelbeseitigung überwachen
- Abrechnung der Schadenersatzansprüche aus der Bauzeit
- Teilauszahlung der Sicherheitsleistung

Abs. Auftraggeber

An Auftragnehmer
Adresse

Ort, Datum

Gewerk: ....

Bauvorhaben: ....

In ....

Ablehnung der Rückgabe der Vertragserfüllungsbürgschaft gemäß § 17 Abs. 8 Nr. 1 VOB/B

Sehr geehrte Damen und Herren,

wir haben uns im Rahmen der Abnahme des Bauwerks am .... die Geltendmachung der Vertragsstrafe vorbehalten.

Gemäß § 17 Abs. 8 Nr. 1 VOB/B steht uns als Auftraggeber das Recht an der Sicherstellung für die Ansprüche aus der Vertragserfüllung so lange zu, als noch Ansprüche aus dem Erfüllungsstadium geltend gemacht werden können, und die von der Sicherheit wegen Mängelansprüchen nicht umfasst sind. Wir halten daher einen entsprechenden Teil der Sicherheit für die uns zustehenden Ansprüche auf Zahlung der Vertragsstrafe zurück.

Nach Zahlung der Vertragsstrafe auf unser Ihnen bekanntes Konto werden wir die Bürgschaftsurkunde herausgeben.

Mit freundlichen Grüßen

Auftraggeber

Aufforderung zur Durchführung der Mängelbeseitigungsarbeiten gemäß § 13 Abs. 5 VOB/B

Vorbemerkung

Die Verpflichtung des Auftragnehmers, alle während der Gewährleistungszeit auftretenden Mängel, die auf vertragswidrige Leistung zurückzuführen sind, auf seine Kosten zu beseitigen – soweit dies innerhalb der vereinbarten Verjährungsfrist erfolgt –, ist für den Auftragnehmer häufig eine „mühsame Verpflichtung". Die VOB/B nimmt diese Verpflichtung des Auftragnehmers besonders ernst und bringt dies im § 13 Abs. 5 Nr. 2 VOB/B sehr deutlich zum Ausdruck: Kommt der Auftragnehmer der Verpflichtung der Mängelbeseitigung nicht fristgerecht nach, kann der Auftraggeber nach fruchtlosem Fristablauf die Mängel auf Kosten des Auftragnehmers beseitigen lassen. Für den Auftraggeber ist es demgemäß besonders wichtig, den Zugang der Aufforderung zur Mängelbeseitigung beim Auftragnehmer nachweisbar zu gestalten.

Besonders zu beachten für den Auftraggeber ist, dass diese Ansprüche auf Mängelbeseitigung nur innerhalb der zwischen den Parteien vereinbarten Frist für Mängelansprüche verlangt werden kann. Bei VOB/B-Bauverträgen genügt die einfache schriftliche Rüge eines Mangels, um eine zweijährige Verjährungsfrist wegen dieses konkretisierten Mangelanspruchs in Gang zu setzen.

Bei BGB-Bauverträgen hingegen ist darauf zu achten, dass die Unterbrechung der Verjährungsfrist nur dann eintritt, wenn die Ansprüche wegen dieses Mangels gerichtlich geltend gemacht werden. Dies bedeutet, dass jedenfalls vor Ablauf der zwischen den Parteien vereinbarten Verjährungsfrist im BGB-Bauvertrag ein Beweissicherungsverfahren, ein Bauprozess oder zumindest ein Mahnbescheid über die voraussichtliche Höhe der Mängelbeseitigungskosten vor Ablauf der Verjährung bei Gericht eingereicht werden muss.

Vermerk für den internen Betriebsablauf:

- Zugangskontrolle der Mängelrüge beim Auftragnehmer
- Terminkontrolle über die Durchführung der Mängelbeseitigungsarbeiten
- Vertragsüberprüfung: Gilt VOB/B oder BGB?
- Beweissicherung und Ersatzvornahme der Mängelbeseitigungsarbeiten

  Achtung!

  - beim VOB/B-Vertrag nach Unterbrechung neuen Fristablauf der Verjährung für Mängelansprüche notieren
  - beim BGB-Vertrag verjährungsunterbrechende Maßnahmen ergreifen

Abs. Auftraggeber

An Auftragnehmer
Adresse

Ort, Datum

Gewerk: ....

Bauvorhaben: ....

In ....

Aufforderung zur Durchführung der Mängelbeseitigungsarbeiten gemäß § 13 Abs. 5 VOB/B

Sehr geehrte Damen und Herren,

Sie finden in der Anlage zu diesem Schreiben eine Liste mit Mängeln, die wir vor Ablauf der vertraglichen Frist für die Verjährung der Mängelansprüche festgestellt haben. Wir fordern Sie demgemäß auf, diese Mängel unverzüglich nach Zugang dieses Schreibens, spätestens bis zum .... zu beheben.

Nur der guten Ordnung halber weisen wir darauf hin, dass wir gemäß § 13 Abs. 5 Nr. 2 VOB/B berechtigt sind, die von uns gerügten Mängel durch Drittunternehmen auf Ihre Kosten beheben zu lassen, wenn Sie die oben gerügten Mängel nicht innerhalb der gesetzten Frist beheben werden.

Mit freundlichen Grüßen

Auftraggeber

Ankündigung der Ersatzvornahme für nicht behobene Mängel gemäß § 13 Abs. 5 Nr. 2 VOB/B und Geltendmachung eines Kostenvorschusses

Vorbemerkung

Der Auftragnehmer ist verpflichtet, alle Mängel, die nach der Abnahme und während des Laufs der Verjährungsfrist hervortreten, auf seine Kosten zu beseitigen, wenn dies der Auftraggeber vor Ablauf der vertraglich vereinbarten Fristen schriftlich vom Auftragnehmer verlangt.

Kommt der Auftragnehmer seiner Mängelbeseitigungsverpflichtung gegenüber dem Auftraggeber nicht nach und beseitigt er die vertragswidrige Leistung innerhalb der vom Auftraggeber gesetzten Frist nicht, dann darf der Auftraggeber ohne nochmalige Fristsetzung die Mängel auf Kosten des Auftragnehmers beseitigen lassen.

Der Auftraggeber muss sich bei der Durchsetzung seiner Mängelansprüche vergewissern, ob er die behaupteten Mängelansprüche in geeigneter Form nachweisen kann. Im Zweifelsfall kann dies nur durch Einholung eines Sachverständigengutachtens oder die Einleitung eines gerichtlichen Beweissicherungsverfahrens geschehen.

Der Auftraggeber kann einen Kostenvorschuss zur Mängelbeseitigung beim Auftragnehmer anfordern.

Dieser Anspruch auf Kostenvorschuss zur Durchführung der Mängelbeseitigungsarbeiten durch Dritte muss ggf. gerichtlich geltend gemacht werden. Soweit vorhanden kann der Auftraggeber zur Durchsetzung dieses Vorschussanspruchs auch eine Mängelansprüchesicherheit verwerten.

Abs. Auftraggeber

An Auftragnehmer
Adresse

Ort, Datum

Gewerk: ....

Bauvorhaben: ....

In ....

Ankündigung der Ersatzvornahme für nicht behobene Mängel gemäß § 13 Abs. 5 Nr. 2 VOB/B und Geltendmachung eines Kostenvorschusses

Sehr geehrte Damen und Herren,

mit Schreiben vom .... haben wir Sie aufgefordert, die in der beigefügten Liste aufgeführten Mängel an den von Ihnen geleisteten Bauarbeiten fachgerecht und zeitnah zu beheben. Die Ihnen gesetzte Frist zur Mängelbeseitigung war angemessen.

Bedauerlicherweise sind Sie dieser Verpflichtung nach unserer Überprüfung nicht nachgekommen, sodass wir nach Fristablauf die Erbringung der geforderten Mängelbeseitigungsarbeiten durch Ihr Unternehmen endgültig ablehnen. Die Kosten der Mängelbeseitigungsarbeiten werden sich nach unseren Ermittlungen auf ca. € .... belaufen.

Sie werden gebeten, diesen Betrag an uns als Kostenvorschuss für die im Wege der Ersatzvornahme durchzuführenden Mängelbeseitigungsarbeiten auf unser Konto mit der IBAN-Nr. .... zu überweisen.

Das Zweifache des geschätzten Aufwandes für die Mängelbeseitigung werden wir von Ihrer Sicherheitsleistung, die Sie für Mängelansprüche erbracht haben, einbehalten.

Mit freundlichen Grüßen

Auftraggeber

Geltendmachung von Schadenersatz wegen Mängelansprüchen gemäß § 13 Abs. 7 VOB/B

Vorbemerkung

Gemäß § 13 Abs. 7 VOB/B ist der Auftragnehmer verpflichtet, dem Auftraggeber alle Schäden zu ersetzen, insbesondere aus der Verletzung des Lebens, des Körpers oder der Gesundheit, die auf einer schuldhaften mangelhaften Vertragsausführung beruhen.

Gemäß § 13 Abs. 7 Nr. 3 VOB/B haftet der Auftragnehmer für Schäden an der baulichen Anlage, zu deren Herstellung, Instandhaltung oder Änderung der Auftragnehmer verpflichtet war. Das Besondere an dieser Regelung findet sich im § 13 Abs. 7 Nr. 4 VOB/B. Bei Schadenersatz gemäß § 13 Abs. 7 VOB/B haftet der Auftragnehmer für die Dauer der gesetzlichen Verjährungsfristen, soweit sich der Auftragnehmer nach § 13 Abs. 3 VOB/B durch Versicherung geschützt hat oder hätte schützen können oder soweit ein besonderer Versicherungsschutz vereinbart ist.

Vermerk für den internen Betriebsablauf:

- Zugangskontrolle der Schadensanzeige beim Auftragnehmer
- Zahlungseingangskontrolle
- Achtung!
  Versicherungsschutz prüfen; beim VOB/B-Vertrag gelten bei Schadenersatz nach § 13 Abs. 7 Nr. 4 VOB/B abweichende Verjährungsfristen

Abs. Auftraggeber

An Auftragnehmer
Adresse

Ort, Datum

Gewerk: ....

Bauvorhaben: ....

In ....

Schadensereignis vom ....

Geltendmachung von Schadenersatz wegen Mängelansprüchen gemäß § 13 Abs. 7 VOB/B

Sehr geehrte Damen und Herren,

bei der Ausführung der Ihnen übertragenen Arbeiten wurde ein Schaden an der baulichen Anlage, zu deren Herstellung Sie vertraglich verpflichtet sind, verursacht, der die Gebrauchsfähigkeit der Anlage erheblich beeinträchtigt und auf Ihr Verschulden zurückzuführen ist.

Wir weisen in diesem Zusammenhang darauf hin, dass Sie gemäß § 13 Abs. 7 VOB/B zum umfassenden Schadenersatzanspruch verpflichtet sind. Wir haben alle aus Ihrer Schlechtleistung verursachten Schadenersatzansprüche durch einen öffentlich bestellten und vereidigten Sachverständigen feststellen lassen. Dieses Gutachten fügen wir als Anlage diesem Schreiben bei.

Wir fordern Sie demgemäß auf, den vom Sachverständigen ermittelten Schadenersatzbetrag in Höhe von € .... bis zum .... zu bezahlen.

Nur der guten Ordnung halber weisen wir darauf hin, dass wir bei fruchtlosem Ablauf der von uns gesetzten Frist auf der Basis des erstellten Gutachtens Klage gegen Sie erheben werden.

In Erwartung, dass Sie es hierzu nicht kommen lassen wollen, sehen wir dem fristgerechten Eingang des von uns ermittelten Schadenersatzanspruches entgegen.

Mit freundlichen Grüßen

Auftraggeber

Anlage
erwähnt

Erklärung zur Minderung der Vergütung wegen Unzumutbarkeit der Mängelbeseitigung gemäß § 13 Abs. 6 VOB/B

Vorbemerkung

§ 13 Abs. 6 VOB/B gibt dem Auftraggeber Möglichkeiten vor, Vergütungsansprüche des Auftragnehmers zu mindern, wenn die Beseitigung des gerügten Mangels vom Auftragnehmer verweigert wird, weil

1. die Beseitigung des Mangels unmöglich ist, oder
2. die Beseitigung des Mangels für den Auftraggeber einen unverhältnismäßig hohen Aufwand erfordert.

In diesen zwei Fällen kann also der Auftragnehmer die Beseitigung des Mangels ablehnen. Alternativ kann der Auftraggeber auch die Vergütungsansprüche des Auftragnehmers mindern, wenn ihm die Mangelbeseitigung unzumutbar ist.

Die Minderung regelt sich nach den Vorschriften des § 638 BGB. Die Minderungsquote kann durch einen öffentlich bestellten und vereidigten Sachverständigen festgestellt werden.

Vermerk für den internen Betriebsablauf:
- Zugangskontrolle der Erklärung über die Minderung beim Auftragnehmer
- Kontrolle bei der Auszahlung der geminderten Vergütung an den Auftragnehmer

Abs. Auftraggeber

An Auftragnehmer
Adresse

Ort, Datum

Gewerk: ....

Bauvorhaben: ....

In ....

Erklärung zur Minderung der Vergütung wegen Unzumutbarkeit der Mängelbeseitigung gemäß § 13 Abs. 6 VOB/B

Sehr geehrte Damen und Herren,

wir haben festgestellt, dass die Beseitigung des von uns gerügten Mangels nach den von Ihnen gelieferten Vorgaben für uns unzumutbar ist.

Wir haben uns daher entschlossen, die Mängelbeseitigung zu verweigern und stattdessen Ihren Vergütungsanspruch in angemessenem Umfang zu mindern (§ 638 BGB in Verbindung mit § 13 Abs. 6 VOB/B).

Mit freundlichen Grüßen

Auftraggeber

Ablehnung der Rückgabe der Sicherheiten für Mängelansprüche wegen bestehender Restmängel gemäß § 17 Abs. 8 Nr. 2 VOB/B und Aufforderung zur Mängelbeseitigung

Vorbemerkung

Der Auftraggeber hat die Verpflichtung, gemäß § 17 Abs. 8 Nr. 2 eine nicht verwertete Sicherheit für Mängelansprüche nach Ablauf von zwei Jahren zurückzugeben, also deutlich früher als der Ablauf der gesetzlichen oder vertraglich vereinbarten Fristen für Mängelansprüche. Allerdings räumt die VOB/B den Vertragsparteien ausdrücklich das Recht ein, eine von § 17 Abs. 8 Nr. 2 VOB/B abweichende Regelung zu treffen. Der Auftraggeber sollte also im Bauvertrag bedenken, ob ihm die Herausgabe der Mängelansprüchesicherheit vor Ablauf der Verjährungsfristen an den Auftragnehmer opportun erscheint.

Darüber hinaus billigt § 17 Abs. 8 Nr. 2 VOB/B dem Auftraggeber das Recht zu, zumindest einen Teil der Sicherheit noch zurückzuhalten, soweit zum Herausgabezeitpunkt seine geltend gemachten Ansprüche noch nicht vollständig erfüllt sind.

Abs. Auftraggeber

An Auftragnehmer
Adresse

Ort, Datum

Gewerk: ……………………………………………………………………

Bauvorhaben: ……………………………………………………………………

In ……………………………………………………………………

Ablehnung der Rückgabe der Sicherheiten für Mängelansprüche wegen bestehender Restmängel gemäß § 17 Abs. 8 Nr. 2 VOB/B und Aufforderung zur Mängelbeseitigung

Sehr geehrte Damen und Herren,

grundsätzlich sind wir verpflichtet, eine nicht verwertete Sicherheit für Mängelansprüche bereits nach Ablauf von 2 Jahren nach Abnahme an Sie zurückzugeben.

Anlässlich der am ………………… durchgeführten Begehung des Bauvorhabens mussten wir feststellen, dass

- wir folgende Mängel an den von Ihnen erbrachten Bauleistungen festgestellt haben,
- ein nicht unwesentlicher Teil der von uns geltend gemachten Mängeln von Ihrer Seite noch nicht beseitigt worden ist.

Wir fordern Sie auf, die Mängel gemäß beiliegender Liste unverzüglich, spätestens bis zum ………………… zu beseitigen.

Optional: Für den Fall des fruchtlosen Fristablaufes werden wir die Mängelbeseitigungsarbeiten im Wege der Ersatzvornahme gemäß § 13 Abs. 5 Nr. 2 VOB/B vornehmen.

Demgemäß machen wir von unserem Recht Gebrauch, die Sicherheitsleistung in Höhe von € ………………… so lange zurückzuhalten, bis die Beseitigung der gerügten Mängel vollständig und fachgerecht von Ihnen durchgeführt worden ist.

Mit freundlichen Grüßen

Auftraggeber

Anlage
Mängelliste

Meinungsverschiedenheiten über die Eigenschaft von Stoffen und Bauteilen gemäß § 18 Abs. 4 VOB/B bei öffentlichen Auftraggebern

Vorbemerkung

Bei Meinungsverschiedenheiten über die Eigenschaft von Stoffen und Bauteilen, für die allgemein gültige Prüfungsverfahren bestehen, aber auch bei Meinungsverschiedenheiten über Zulässigkeit oder Zuverlässigkeit der eingesetzten Maschinen, können beide Vertragsparteien nach vorheriger Benachrichtigung der anderen Partei staatliche oder staatlich anerkannte Materialprüfstellen einschalten und mit den entsprechenden Prüfungen beauftragen. Deren Feststellungen sind dann verbindlich.

Die Kosten dieser Überprüfung trägt jeweils der unterliegende Teil.

Diese Streitigkeiten berechtigen den Auftragnehmer nicht dazu, seine Arbeiten einzustellen.

Vermerk für den internen Betriebsablauf:

- Zugang des Schreibens bei der anderen Partei
- Verfahrensablauf zur Materialprüfung überwachen
- Dokumentation der zeitlichen Auswirkungen auf den Bauablauf
- Behinderung nach § 6 Abs. 1 VOB/B anzeigen

Abs. Auftraggeber

An Auftragnehmer
Adresse

Ort, Datum

Gewerk: ....

Bauvorhaben: ....

in ....

Meinungsverschiedenheiten über die Eigenschaft von Stoffen und Bauteilen gemäß § 18 Abs. 4 VOB/B bei öffentlichen Auftraggebern

Sehr geehrte Damen und Herren,

offensichtlich bestehen zwischen Ihnen und uns Meinungsverschiedenheiten über die Eigenschaften von Stoffen und Bauteilen, für die allgemein gültige Prüfungsverfahren bestehen.

Wir möchten die Zulässigkeit und die Zuverlässigkeit der von Ihnen zum Einsatz gebrachten Maschinen und Materialien .... (gemäß Liste) durch eine staatliche oder staatlich anerkannte Materialprüfstelle überprüfen lassen. Wir haben zu diesem Zweck .... (Name der Prüfstelle) eingeschaltet.

Wir weisen darauf hin, dass gemäß § 18 Abs. 4 VOB/B die Feststellungen dieser Prüfstelle für beide Parteien verbindlich sind. Wir sind uns bewusst, dass wir im Falle eines Entscheids zu Ihren Gunsten verpflichtet sind, die für die Prüfung entstandenen Kosten zu übernehmen.

Nur der Vollständigkeit halber weisen wir darauf hin, dass die Vornahme der von uns angeregten Prüfungen Sie nicht dazu berechtigen, die Arbeiten einzustellen (§ 18 Abs. 5 VOB/B).

Mit freundlichen Grüßen

Auftraggeber

Anlage
Maschinen-/Materialliste

2 Musterbriefe für Auftragnehmer VOB/B 2016

2.1 Vor der Bauzeit

2.2 Während der Bauzeit

2.2.1 Vergütungs- und Leistungsänderungen (Nachträge)

2.2.2 Maßnahmen, Warn- und Hinweispflichten

2.2.3 Behinderung, Unterbrechung, Kündigung

2.2.4 Abrechnung und Maßnahmen vor Fertigstellung

Prüf- und Hinweispflichten (Bedenken) bezüglich Planungs- und Ausführungsunterlagen gemäß § 3 Abs. 3 VOB/B

Vorbemerkung

Gemäß § 3 Abs. 3 VOB/B hat der Auftraggeber dem Auftragnehmer vollständige und fehlerfreie Ausführungspläne und auch sonstige Unterlagen, die für die Ausführung des Bauvorhabens notwendig sind, rechtzeitig zu übergeben.

Dazu gehören unter anderem:

- Öffentlich-rechtliche Genehmigungen und dort enthaltene Auflagen in Kopie
- Baugrunduntersuchungen, Brandschutzgutachten und ähnliche Untersuchungen
- Berechnung, auf denen die Leistung des Auftragnehmers aufbaut
- Ausführungspläne im Maßstab 1:50 oder größer
- Textliche Ergänzungen zu den Zeichnungen, z. B. hinsichtlich von Baustoffen
- Angaben zu Koordinierungsnotwendigkeiten im zeitlichen Sinne

Der Auftragnehmer ist verpflichtet, die ihm vom Auftraggeber übergebenen Unterlagen sorgfältig zu überprüfen und den Auftraggeber frühzeitig auf entdeckte oder vermutete Planungsmängel oder Widersprüche hinzuweisen.

Unterlässt der Auftragnehmer diesen Hinweis gegenüber dem Auftraggeber, haftet er dem Auftraggeber für die Baumängel, die auf den mangelhaften Planungs- und Ausführungsunterlagen basieren.

Eine Baubehinderung wegen fehlender Pläne oder sonstiger Ausführungsunterlagen kann der Auftragnehmer nur dann geltend machen, wenn er diese rechtzeitig geprüft oder fehlende Unterlagen angemahnt hat.

Oft werden nach Vertragsabschluss Planungsunterlagen nachgeschoben. Der Auftragnehmer sollte darauf dringen, dass etwaige Änderungen in den Plänen kenntlich gemacht werden. Das Datum der Planungsänderungen sollte festgehalten werden.

Mehrvergütungsansprüche wegen geänderter oder zusätzlicher Leistungen sind anzuzeigen.

Vermerk für den internen Betriebsablauf:

- Fristen für die Beistellung der Planungs- und Ausführungsunterlagen überwachen
- Zeitlichen Aufwand für Werk- und Montageplanung, Lieferfristen und Nachunternehmerleistungen fortschreiben
- rechtzeitige Mahnung wegen ausstehender oder mangelhafter Planungsunterlagen
- bei ausstehender Antwort Behinderungsanzeige gemäß § 6 Abs. 1 VOB/B
- mit Hinweis auf die kausalen Folgen aus den verspätet oder unvollständig übergebenen Unterlagen, z. B. Bauzeitverschiebungen, Teuerungen in der Ausführung bei Material und Nachunternehmerleistungen
- Bedenkenmitteilung gemäß § 4 Abs. 3 VOB/B bei Planungsmängeln und Nachbesserungsverlangen
- Anzeige eines Mehrvergütungsanspruches wegen geänderter oder zusätzlich erforderlicher Leistungen, die zur Ausführung der vertraglichen Leistungen erforderlich sind gemäß § 2 Abs. 5 und Abs. 6 VOB/B

Abs. Auftragnehmer

An Auftraggeber
Adresse

Ort, Datum

Gewerk: ....

Bauvorhaben: ....

in ....

Vertrag vom ....

Prüf- und Hinweispflichten (Bedenken) bezüglich Planungs- und Ausführungsunterlagen gemäß § 3 Abs. 3 VOB/B

Sehr geehrte Damen und Herren,

gemäß den uns obliegenden vertraglichen Verpflichtungen haben wir die von Ihnen zur Verfügung gestellten Unterlagen für die mit Vertrag vom .... vergebenen Leistungen .... überprüft.

Unter Ziff. .... des Vertrages sind folgende Ausführungsunterlagen bezeichnet:

....

Bei unserer fachtechnischen Prüfung sind wir auf Mängel gestoßen, die wir nachstehend beschreiben:

LV .... Pos.
LV .... Pos.
Plan-Nr. .... vom
Plan-Nr. .... vom

– Die beschriebenen Leistungen können zu folgenden Mängeln führen:

  ....

– Diese beschriebenen Leistungen stehen im Widerspruch

  zu den allgemein anerkannten Regeln der Technik

  ....

  zu folgenden Regelwerken

  ....

Wir bitten Sie, diese Hinweise sorgfältig zu überprüfen, die Nachbesserung der Planunterlagen zu veranlassen, und uns längstens bis zum .... mitzuteilen, wie Sie die von uns vorgetragenen Bedenken bewerten. Sollten Sie die von uns geäußerten Bedenken nicht teilen und auf der Ausführung der Bauleistung in der beschriebenen Form bestehen, haben wir etwaig daraus resultierende Mängel nicht zu vertreten.

Sollten uns innerhalb der gesetzten Frist

- die fehlenden Unterlagen nicht übergeben werden und uns
- die nach Überarbeitung mangelfreien Planunterlagen nicht übergeben werden, oder wir ohne Nachricht von Ihrer Seite bleiben, droht eine Behinderung der Bauausführung einzutreten, weil (beispielhafte Aufzählung von Folgen)
  - Nachunternehmerleistungen erst ausgeschrieben werden können, wenn die Fehler bzw. Widersprüche in den Ausführungsunterlagen behoben sind
  - Verzug bei den Materiallieferungen aufgrund der verspäteten Bestellung droht
  - Preissteigerungen bei Lohn und Material zu erwarten sind
  - Koordinierungsmaßnahmen mit anderen Gewerken erneut abzustimmen sind.

In Erwartung Ihrer fristgerechten Rückäußerung verbleiben wir

mit freundlichen Grüßen

Auftragnehmer

Antrag auf Zustandsfeststellung der Geländeoberflächen oder baulichen Anlagen gemäß § 3 Abs. 4 VOB/B

Vorbemerkung

Der Auftragnehmer hat vor Beginn der ihm beauftragten Arbeiten, am besten aber schon vor Unterzeichnung des Bauvertrages, die örtlichen Gegebenheiten der Baustelle zu überprüfen. Dazu gehören nicht nur Feststellungen zum Grundstück selbst, sondern auch zu dessen Umgebung. Zufahrten, Verkehrsregelungen, Brücken etc. können Hindernisse sein, die für den Auftragnehmer das Bauvorhaben und dessen Durchführung deutlich verteuern.

Die VOB/B verlangt deshalb, dass zu Beweiszwecken all diese Gegebenheiten in einer Niederschrift festgehalten werden, die wesentlicher Teil des Bauvertrages wird. Diese gemeinsamen Feststellungen sind eine wechselseitige Verpflichtung, die beide Vertragsparteien zu erfüllen haben.

Vermerk für den internen Betriebsablauf:

- Aufforderung zur gemeinsamen Zustandsfeststellung mit Antwortkontrolle
- Terminüberwachung

Abs. Auftragnehmer

An Auftraggeber
Adresse

Ort, Datum

Gewerk: ....

Bauvorhaben: ....

in ....

Vereinbarung vom ....

Antrag auf Zustandsfeststellung der Geländeoberflächen oder baulichen Anlagen gemäß § 3 Abs. 4 VOB/B

Sehr geehrte Damen und Herren,

wie Sie wissen, schreibt § 3 Abs. 4 VOB/B den Vertragsparteien vor, bereits vor Beginn der Arbeiten den Zustand der Straßen, Geländeoberfläche und der baulichen Anlagen im Baubereich in einer Niederschrift festzuhalten. Beide Vertragspartner sind verpflichtet, diese Niederschrift zu erstellen und wechselseitig anzuerkennen.

Bitte stimmen Sie mit unserem Büro einen gemeinsamen Termin ab, zu dem die Zustandsfeststellung stattfinden kann, damit diese in einer gemeinsamen Niederschrift festgehalten wird. Da die Feststellungen rechtzeitig vor Baubeginn erfolgen müssen, bitten wir um Rückäußerung bis zum......................., damit keine Behinderung im Bauablauf einzutreten droht.

Mit freundlichen Grüßen

Auftragnehmer

Aufforderung zur Auskunft über den Ausführungsbeginn gemäß § 5 Abs. 2 VOB/B

Vorbemerkung

Die Ausführungsfristen eines Bauvorhabens sind für die Vertragsparteien in vielerlei Hinsicht von besonderer Bedeutung. Den Parteien steht es auch frei, in einem Bauzeitenplan Einzelfristen zu vereinbaren, deren Einhaltung für beide Seiten verpflichtend ist.

Gemäß § 5 Abs. 2 VOB/B ist der Auftraggeber verpflichtet, dem Auftragnehmer auf dessen Verlangen hin Auskunft über den voraussichtlichen Baubeginn zu erteilen. Es liegt demgemäß im besonderen Interesse des Auftragnehmers, verbindliche Vorgaben für den Beginn der Bauarbeiten vom Auftraggeber zu erhalten.

Dem Auftragnehmer ist daher dringend anzuraten, von seinem Auftraggeber die genaue Frist für die Aufnahme der geplanten Bauarbeiten rechtzeitig zu erfragen. Andererseits muss der Auftragnehmer innerhalb von 12 Werktagen nach Aufforderung zur Aufnahme der Arbeiten durch den Auftraggeber mit den Bauarbeiten beginnen und den Beginn der Ausführung seinem Auftraggeber anzeigen.

Die Dokumentation dieser Fristen ist für den späteren Bauablauf wichtig, insbesondere wenn es um Bauzeitverzögerungen, Nachtragsaufträge etc. geht. Die Dokumentationspflichten des Bauablaufes liegen primär im Verantwortungsbereich des Auftragnehmers.

Vermerk für den internen Betriebsablauf:

- Zustellungsnachweis und Antwortkontrolle
- Fristenüberwachung

Abs. Auftragnehmer

An Auftraggeber
Adresse

Ort, Datum

Gewerk: ....

Bauvorhaben: ....

in ....

Aufforderung zur Auskunft über den Ausführungsbeginn gemäß § 5 Abs. 2 VOB/B

Sehr geehrte Damen und Herren,

wir haben am .... den o. g. Bauvertrag geschlossen. Ein Ausführungsbeginn für die vertragsmäßigen Leistungen war bisher nicht bestimmt. Wir teilen Ihnen hiermit mit, dass alle Vorbereitungsmaßnahmen für den Beginn der Ausführung des Bauvorhabens unsererseits abgeschlossen sind.

Demgemäß bitten wir Sie, uns verbindlich Auskunft zu erteilen, wann mit dem voraussichtlichen Beginn des Bauvorhabens zu rechnen sein wird.

Wie Sie wissen, sind wir verpflichtet, innerhalb von 12 Werktagen nach Aufforderung zur Durchführung des Bauvorhabens mit den Arbeiten zu beginnen. Damit wir Ihnen unsere Leistungsbereitschaft zusichern können, bitten wir um Ihre Rückäußerung zum vorgesehenen Baubeginn bis zum ....

In Erwartung Ihrer Rückantwort verbleiben wir

mit freundlichen Grüßen

Auftragnehmer

Anzeigepflicht über den Ausführungsbeginn gemäß § 5 Abs. 2 VOB/B in Verbindung mit § 4 Abs. 8 Nr. 3 VOB/B

Vorbemerkung

Der Auftragnehmer muss seinem Auftraggeber innerhalb von 12 Werktagen nach Aufforderung zur Aufnahme der Arbeiten durch den Auftraggeber den Beginn der Ausführung anzeigen.

Die Dokumentation des Baubeginns ist für den Nachweis des Bauablaufes und der Leistungsbereitschaft des Auftragnehmers von besonderer Bedeutung, insbesondere wenn es um die Geltendmachung von Ansprüchen aus Annahmeverzug des Auftraggebers wegen Bauzeitverzögerungen, Mehrkosten bei Nachtragsaufträgen und Nachunternehmerleistungen etc. geht.

Die Dokumentationspflichten des Bauablaufes liegen primär im Verantwortungsbereich des Auftragnehmers, wenn es um die zeitlichen Auswirkungen und die finanziellen Ansprüche aus Bauablaufstörungen geht.

Im Übrigen hat der Auftragnehmer gemäß § 4 Abs. 8 Nr. 3 VOB/B dem Auftraggeber die Nachunternehmer und deren Nachunternehmer ohne Aufforderung spätestens zum Leistungsbeginn des Nachunternehmers mit Namen, gesetzlichen Vertretern und Kontaktdaten bekannt zu geben.

Auf Verlangen des Auftraggebers hat der Auftragnehmer für seine Nachunternehmer Erklärungen und Nachweise zur Eignung vorzulegen.

Vermerk für den internen Betriebsablauf:

- Zustellungsnachweis der Bauanzeige
- Zustellungsnachweis über die Mitteilung des Nachunternehmers

Abs. Auftragnehmer

An Auftraggeber
Adresse

Ort, Datum

Gewerk: ....

Bauvorhaben: ....

in ....

Anzeigepflicht über den Ausführungsbeginn gemäß § 5 Abs. 2 VOB/B in Verbindung mit § 4 Abs. 8 Nr. 3 VOB/B

Sehr geehrte Damen und Herren,

wir zeigen an, dass wir am .... mit der Ausführung der vereinbarten Leistungen gemäß Bauvertrag vom .... in Verbindung mit dem Bauzeitplan vom .... beginnen.

Gleichzeitig teilen wir mit, dass wir die

Firma ....

gesetzlich vertreten durch ....

Adresse ....

Telefon/Telefax ....

als Nachunternehmer beauftragt haben. Auf Anforderung übersenden wir Ihnen Erklärungen und Nachweise des Nachunternehmers, wonach dieser zur Durchführung der Arbeiten geeignet ist.

Mit freundlichen Grüßen

Auftragnehmer

Behinderung vor Baubeginn gemäß § 6 Abs. 1 VOB/B und Annahmeverzug durch den Auftraggeber

Vorbemerkung

Bei Abschluss des Bauvertrages kann der Auftragnehmer darauf vertrauen, dass seine Vergütung darauf basiert, dass die vertraglich geschuldeten Leistungen termingerecht und störungsfrei abgearbeitet werden können.

Nimmt der Auftraggeber seine Mitwirkungspflichten für die Umsetzung der Leistungen des Auftragnehmers nicht wahr, muss der Auftragnehmer den Auftraggeber auffordern, seinen Mitwirkungspflichten nachzukommen. Typische Mitwirkungspflichten sind die Einholung von Baugenehmigungen, die Bereitstellung von fehlerfreien Plänen und Ausführungsunterlagen, aber auch die Sicherstellung der rechtzeitigen Fertigstellung von Vorgewerken.

Nach der Systematik der VOB/B muss der Auftragnehmer dem Auftraggeber eine festgestellte Behinderung unverzüglich anzeigen (§ 6 Abs. 1 VOB/B). Wichtig ist, dass der Auftragnehmer gegenüber dem Auftraggeber darlegen kann, dass er selbst zur Erbringung der vereinbarten Arbeiten leistungsbereit ist, jedoch an der Ausführung infolge fehlender Mitwirkungshandlungen des Auftraggebers gehindert ist, um den Auftragnehmer dadurch in Annahmeverzug zu versetzen.

Hat der Auftraggeber die hindernden Umstände zu vertreten und kommt er deshalb in Annahmeverzug, kann der Auftragnehmer sowohl gemäß § 6 Abs. 6 VOB/B Schadenersatz als auch gemäß § 642 Abs. 1 BGB eine angemessene Entschädigung verlangen. Der Auftragnehmer soll einen Ausgleich dafür erhalten, dass er für den Auftraggeber Ressourcen vorhält, ohne dass hierfür durch den vereinbarten Werklohn ein Ausgleich geschaffen wird. Nach einer Änderung der Rechtsprechung des Bundesgerichtshofs kann der Auftragnehmer eine Entschädigung gemäß § 642 BGB jedoch nur noch für Mehrkosten verlangen, die während der Dauer der Behinderung entstanden sind (beispielsweise unnütze Aufwendung für die Gerüstmiete während der Behinderung). Mehrkosten, die zwar kausal auf der Behinderung beruhen, aber außerhalb des Behinderungszeitraums liegen (etwa später gestiegene Lohnkosten des Auftragnehmers) können nicht gemäß § 642 BGB geltend gemacht werden. Diese kann der Auftragnehmer nur über Schadenersatz gemäß § 6 Abs. 6 VOB/B verlangen, wobei er hier nachweisen muss, dass der Auftraggeber die Behinderung zu vertreten hat.

Auch muss der Auftragnehmer darauf achten, dass sich die Ausführungsfristen nach § 6 Abs. 2 Nr. 1 VOB/B verlängern. Diese Bauzeitenverlängerung ist dem Auftraggeber mitzuteilen. Die Fristverlängerung berechnet sich nach der Behinderungsdauer und einem Zuschlag für die Wiederaufnahme der Arbeiten und die etwaige Verschiebung in eine ungünstigere Jahreszeit. Mehrkostenansprüche infolge der Bauzeitverschiebung aus Materialpreis-, Lohnkostensteigerungen und Teuerungen der Nachunternehmerleistungen sollte der Auftragnehmer einvernehmlich gesondert mit dem Auftraggeber vereinbaren.

Vermerk für den internen Betriebsablauf:

- Kontrolle des Zustellungsnachweises
- Antwortkontrolle und Fortschreibung des Bauzeitenplanes
- Vereinbarung über Preissteigerungen infolge der Bauzeitverschiebung
- Kündigungsmöglichkeit bei Unterlassung von Mitwirkungshandlungen durch den Auftraggeber

Abs. Auftragnehmer

An Auftraggeber
Adresse

Ort, Datum

Gewerk: ....

Bauvorhaben: ....

in ....

Behinderung vor Baubeginn gemäß § 6 Abs. 1 VOB/B und Annahmeverzug durch den Auftraggeber

Sehr geehrte Damen und Herren,

mit der Ausführung unserer Arbeiten sollten wir am .... gemäß Bauvertrag/gemäß Ihrer Aufforderung vom .... beginnen. Wir haben hierzu alle notwendigen Maßnahmen getroffen, um zum vertraglich vereinbarten Termin mit der Ausführung unserer Arbeiten zu beginnen. Wir stellen fest, dass wir unsere Leistungen aus folgenden Gründen nicht erbringen können. Die Behinderung ist auf folgende Umstände zurückzuführen:

( ) Genehmigte Pläne liegen nicht vor. Ohne Baugenehmigung kann mit der Ausführung der Arbeiten nicht begonnen werden.

( ) Für die Durchführung folgender Leistungen fehlen Ausführungspläne:

( ) Notwendige Vorarbeiten des Gewerkes .... stehen noch aus.

( ) Sonstige Hindernisse liegen vor: ....

Die hindernden Umstände sind Ihrem Verantwortungsbereich als Auftraggeber zuzuordnen. Wir gehen davon aus, dass Sie zeitnah alle Veranlassungen treffen werden, um die tatsächliche Aufnahme der Arbeiten zu ermöglichen. Wir bitten um Mitteilung, wann mit dem Wegfall der hindernden Umstände zu rechnen ist, damit wir entsprechend disponieren und den Beginn/die Weiterführung der Bauarbeiten ermöglichen können.

Der Vollständigkeit halber machen wir Sie darauf aufmerksam, dass wir die Mehrkosten, die nachweislich aufgrund und während des Annahmeverzuges unserer Leistung entstehen, entsprechend den Vorschriften gemäß § 6 Abs. 6 VOB/B in Verbindung mit § 642 Abs. 1 BGB abrechnen werden.

Auch die Ausführungsfristen nach § 6 Abs. 2 Nr. 1 VOB/B werden sich verlängern.
Die Fristenverlängerung berechnet sich nach der Behinderungsdauer und einem Zuschlag für die Wiederaufnahme der Arbeiten und die etwaige Verschiebung in eine ungünstigere Jahreszeit.

Mit freundlichen Grüßen

Auftragnehmer

Verlangen nach Sicherheitsleistung zur Absicherung der Werklohnansprüche des Auftragnehmers gemäß § 650 f BGB

Vorbemerkung

Die VOB/B regelt in § 17 ausschließlich die Bedingungen für die Sicherheitsleistungen zugunsten des Auftraggebers. Der Grund dafür, warum die VOB/B die Sicherheiten zugunsten des Auftragnehmers nicht explizit regelt, liegt darin, dass der Auftragnehmer einen gesetzlichen Anspruch gemäß § 650 f BGB auf Stellung dieser Sicherheit hat. Dieser kann nicht abbedungen werden und gilt ohne jede vertragliche Vereinbarung.

Der Auftragnehmer kann unmittelbar nach Abschluss eines Bauvertrages von dem Auftraggeber eine Sicherheitsleistung gemäß 650 f BGB (z. B. in Form einer Bankbürgschaft, Hinterlegung von Geld oder Wertpapieren) für seine voraussichtlichen Werklohnansprüche einschließlich dazugehöriger Nebenforderungen, die mit 10 Prozent des zu sichernden Vergütungsanspruchs anzusetzen sind, fordern. Auch Ansprüche, die an die Stelle des Vergütungsanspruches treten, z. B. Schadenersatzansprüche und Ansprüche auf Vergütung nach ausgesprochener Vertragskündigung, können gesichert werden. Sicherheit können diejenigen Auftragnehmer verlangen, die Leistungen zur Errichtung eines Bauwerkes erbringen, also auch die Architekten, Tragwerkplaner und Sonderfachleute, die mit der Erbringung von Planungsleistungen beauftragt sind. Ausgeschlossen sind Abbruchunternehmen oder Gerüstbauer, da diese Gewerke keine werterhöhenden Baumaßnahmen durchführen.

Die Bauhandwerkersicherung kann vor, während der Bauzeit und auch noch nach der Abnahme des Bauwerkes geltend gemacht werden, sofern dem Auftragnehmer noch Vergütungsansprüche zustehen. Ausgeschlossen von der Verpflichtung die Sicherheitsleistung zu stellen sind juristische Personen des öffentlichen Rechts (öffentliche Auftraggeber) sowie Privatpersonen, sofern es sich um einen Verbraucherbauvertrag nach § 650 i oder um einen Bauträgervertrag nach § 650 u handelt und die betroffene Privatperson keinen professionellen Baubetreuer eingeschaltet hat. Wird Sicherheit geleistet, so ist der Anspruch auf Eintragung einer Bauhandwerkersicherungshypothek gemäß § 650 e BGB ausgeschlossen.

Dem Auftragnehmer wird das Sicherungsmittel an die Hand gegeben, um sich etwa vor einem insolvenzbedingten Forderungsausfall zu schützen.

Eine Aufrechnung gegen den Vergütungsanspruch des Auftragnehmers durch den Auftraggeber (z. B. mit Schadenersatzansprüchen) mindert die Bauhandwerkersicherheit betragsmäßig nicht ohne Weiteres. Zwar ist die Aufrechnung gegen den Vergütungsanspruch zulässig, jedoch vermindert dies die Höhe der vom Bauhandwerker geltend gemachten Sicherheit nur dann, wenn der geltend gemachte und zur Aufrechnung gestellte Gegenanspruch unstreitig ist oder rechtskräftig festgestellt ist.

Der Unternehmer kann dem Auftraggeber eine Frist zur Stellung dieser Sicherheit bestimmen. Wird die Sicherheitsleistung nicht gestellt, so steht dem Auftraggeber ein Leistungsverweigerungsrecht zu, sodass er die Arbeiten einstellen kann. Der Auftragnehmer kann den Vertrag gemäß § 650 f Abs. 5 S. 1 BGB jedoch auch unmittelbar kündigen.

Die Kündigung ist schriftlich zu erklären. Anders als in der VOB/B üblich (vgl. § 9 Abs. 2 VOB/B), braucht der Auftragnehmer im Rahmen der Fristsetzung zur Stellung der Bauhandwerkersicherheit die Kündigung des Vertrages im Falle des fruchtlosen Fristablaufs nicht gesondert anzudrohen. Leistet der Auftraggeber die Bauhandwerkersicherheit nicht fristgerecht, kann der Auftragnehmer den Vertrag unmittelbar kündigen.

Nach der Kündigung hat der Unternehmer Anspruch auf Vergütung für die erbrachte Leistung und auch Anspruch auf Vergütung für die noch nicht erbrachte Leistung, Letzteres jedoch nur unter Abzug der ersparten Aufwendungen beziehungsweise der Erträge, die der Unternehmer aufgrund der Kündigung erzielen konnte oder böswillig nicht erzielt hat.

Weil die Nachweise für diese Ansprüche in der Praxis nur schwer gelingen, hat der Gesetzgeber in § 650 f Abs. 5 S. 3 BGB eine widerlegliche Vermutung eingeführt, wonach dem Auftragnehmer 5 % der Vergütung, die auf den noch nicht erbrachten Teil der Leistung entfällt, zustehen. Es ist beiden Parteien möglich, einen höheren oder niedrigeren Schaden zu beweisen.

Der Auftragnehmer hat für die Kosten der Sicherheitsleistung aufzukommen, jedoch beschränkt auf einen Höchstsatz von 2 % der Sicherungssumme pro Jahr. Diese Kostenerstattungspflicht entfällt jedoch, wenn der Auftraggeber zu Unrecht die Zahlung der Vergütung, welche mittlerweile fällig geworden ist, verweigert.

Der Auftraggeber darf eine Sicherheitsleistung stellen, bei der die Einrede der Vorausklage nicht ausgeschlossen ist. Das bedeutet, dass die Sicherheit nur dann ausbezahlt wird, wenn der Auftraggeber die Forderung des Auftragnehmers anerkannt hat oder wenn das Bestehen der Forderung durch ein Gerichtsurteil festgestellt wurde.

Vermerk für den internen Betriebsablauf:

- Zustellung überwachen
- Kontrolle des Eingangs der geforderten Sicherheitsleistung
- Leistungsverweigerungsrecht prüfen
- Kündigung des Bauauftrages prüfen

Abs. Auftragnehmer

An Auftraggeber
Adresse

Ort, Datum

Gewerk: ....

Bauvorhaben: ....

in ....

Verlangen nach Sicherheitsleistung zur Absicherung der Werklohnansprüche des Auftragnehmers gemäß § 650 f BGB

Sehr geehrte Damen und Herren,

wir haben am .... einen Bauvertrag für obiges Bauvorhaben abgeschlossen. Zur Absicherung unserer Werklohnansprüche fordern wir die Stellung einer Bauhandwerkersicherheit gemäß § 650 f BGB in Höhe der noch ausstehenden vertraglichen Vergütung zzgl. 10 % für Nebenleistungen, d. h. einen Betrag von .... (in Worten ....).

Wie Sie wissen, können Sie die von uns geltend gemachte Sicherheit durch Bürgschaft, durch Garantie oder durch ein sonstiges Zahlungsversprechen erbringen.

Gemäß § 650 f BGB sind wir verpflichtet, Ihnen gegenüber die üblichen Kosten der Sicherheitsleistung bis zu einem Höchstsatz von 2 % pro Jahr zu erstatten. Wir erwarten den Zugang der erbetenen Sicherheit bis zum ....

Nur vorsorglich weisen wir darauf hin, dass wir im Fall des § 650 f BGB Abs. 5 S. 1 BGB berechtigt sind, die uns beauftragten Leistungen zu verweigern oder auch den Vertrag mit Ihnen zu kündigen.

Mit freundlichen Grüßen

Auftragnehmer

Zustimmung zur Übertragung von Leistungen auf Nachunternehmer gemäß § 4 Abs. 8 VOB/B

Vorbemerkung

Grundsätzlich hat der Auftragnehmer die ihm beauftragte Leistung in eigener Verantwortung auszuführen. Mit schriftlicher Zustimmung des Auftraggebers darf er Arbeiten auf Nachunternehmer übertragen.

Erbringt der Auftragnehmer ohne schriftliche Zustimmung seines Auftraggebers Leistungen nicht im eigenen Betrieb, obwohl er darauf eingerichtet ist, kann ihm der Auftraggeber eine angemessene Frist zur Aufnahme der Leistung im eigenen Betrieb setzen und erklären, dass er nach fruchtlosem Ablauf der Frist den Auftrag kündigen werde (§ 8 Abs. 3 VOB/B).

Eine solche Zustimmung durch den Auftraggeber ist entbehrlich, wenn Leistungen erbracht werden müssen, auf die der Betrieb des Auftragnehmers nicht eingerichtet ist.

Der Auftragnehmer hat dem Auftraggeber die Nachunternehmer und deren Nachunternehmer ohne Aufforderung spätestens zum Leistungsbeginn des Nachunternehmers mit Namen, gesetzlichen Vertretern und Kontaktdaten bekannt zu geben. Auf Verlangen hat der Auftragnehmer für seine Nachunternehmer Erklärungen und Nachweise zur Eignung vorzulegen.

Vermerk für den internen Betriebsablauf:
- Zustellungsnachweis und Antwortkontrolle

Abs. Auftragnehmer

An Auftraggeber
Adresse

Ort, Datum

Gewerk: ....

Bauvorhaben: ....

in ....

Vertrag vom ....

hier: **Zustimmung zur Übertragung von Leistungen auf Nachunternehmer gemäß § 4 Abs. 8 VOB/B**

Sehr geehrte Damen und Herren,

hiermit bitten wir Sie um Ihre schriftliche Zustimmung, dass die nachbenannten Leistungen von einem Nachunternehmer ausgeführt werden.

Es handelt sich um die
Firma ....,
gesetzlich vertreten durch ....,
Adresse ....
Tel.-Nr. ....

Erklärungen und Nachweise zur Eignung des vorgesehenen Nachunternehmers werden auf Verlangen vorgelegt.

Wir versichern Ihnen, dass der von uns benannte Nachunternehmer die fachliche Qualifikation zur Durchführung der Arbeiten besitzt.

Folgende Teilleistungen sollen durch den o. g. Nachunternehmer ausgeführt werden:

....

....

....

Für Ihre kurzfristige Bestätigung bedanken wir uns im Voraus und verbleiben

mit freundlichen Grüßen

Auftragnehmer

Vollmacht für den Auftraggebervertreter

Vorbemerkung

Rechtsgeschäftliche Erklärungen haben nur dann rechtliche Wirkungen, wenn sie gegenüber dem richtigen Empfänger abgegeben werden. Dies gilt insbesondere für Vertragsvereinbarungen und Nachtragsangebote. Empfänger solcher Erklärungen des Auftragnehmers ist immer der Auftraggeber selbst. Etwas anderes gilt nur, wenn der Auftraggeber einen Vertreter entsprechend bevollmächtigt hat.

In der Praxis tritt der Architekt sehr häufig als Bauherrenvertreter auf. Aufgrund des Architektenvertrages ist dieser nur der technische Vertreter des Auftraggebers, in rechtlicher und damit finanzieller Hinsicht verfügt er nicht ohne Weiteres über Vertretungsvollmacht.

Ohne besondere Vollmacht darf der Architekt insbesondere nicht Zusatzleistungen, Änderungsanordnungen (auch wenn sie kostenneutral sind oder kleinere bauleitende Maßnahmen bedeuten) vergeben. Ebenso wenig darf er Anzeigen für auftragslos erbrachte Leistungen (§ 2 Abs. 8 VOB/B) entgegennehmen, Abnahmen durchführen oder Rechnungen anerkennen.

Daher sollte der Auftragnehmer möglichst schon vor Beginn der Baumaßnahmen prüfen, ob ein Architekt eine besondere Vollmacht des Auftraggebers zu dessen Vertretung auch in finanzieller Hinsicht hat.

Vermerk für den internen Betriebsablauf: – Zustellungsnachweis und Antwortkontrolle

Abs. Auftragnehmer

An Auftraggeber
Adresse

Ort, Datum

Gewerk: ....

Bauvorhaben: ....

in ....

Vertrag vom ....

hier: **Vollmacht für den Auftraggebervertreter**

Sehr geehrte Damen und Herren,

um möglichen späteren Zweifeln vorzubeugen, bitten wir Sie um Mitteilung, wer bei Planungs- und Bauablaufänderungen bevollmächtigt ist, diese anzuordnen, insbesondere bei

- Anordnungen von Planänderungen
- Beschleunigungsmaßnahmen
- Beauftragung von Zusatzleistungen
- Anordnung zusätzlicher Regieleistungen
- Entgegennahme von Behinderungs- und Bedenkenanmeldungen
- Durchführung der Zustandsfeststellung bzw. Abnahme.

Für Ihre kurzfristige Erklärung bis zum ....

bedanken wir uns und verbleiben

mit freundlichen Grüßen

Auftragnehmer

Vergütungsänderung und Bauzeitanpassung bei Mengenüberschreitung beim Einheitspreisvertrag um mehr als 10 % gemäß § 2 Abs. 3 Nr. 2 VOB/B

Vorbemerkung

Im Rahmen der VOB/B ist der Einheitspreisvertrag die übliche Vergütungsart. Die Vergütung beim Einheitspreisvertrag wird anhand der im Leistungsverzeichnis vereinbarten Preise – leistungsabhängig – für den laufenden Meter, Stückkosten, Gewicht oder nach anderen Maßeinheiten bestimmt. Anhand eines vorzunehmenden Aufmaßes werden nach Fertigstellung die tatsächlichen Mengen ermittelt. Die Vergütung ergibt sich also aus dem im Leistungsverzeichnis festgelegten Einheitspreis und der nach Aufmaß ermittelten Menge.

Beim Einheitspreisvertrag stehen zum Zeitpunkt des Vertragsabschlusses die Massen und Mengen der unter einem Einheitspreis erfassten Leistungen nicht exakt fest. Der Auftragnehmer kalkuliert anhand der Ausschreibungsunterlagen seine Gemeinkosten (allgemeine Geschäftskosten, Kosten der Baustelleneinrichtung und Kosten der Baustellenunterhaltung u. a.) sowie seinen Gewinn in die angebotenen Einheitspreise ein. Bei Abgabe seines Angebotes geht er in der Regel von den Mengen und Massen aus, die im Leistungsverzeichnis vorgegeben sind. Seine Annahmen bei Angebotsabgabe dokumentiert er vorzugsweise durch die Vorlage der Urkalkulation und seines Grobablaufplans über die Bauzeit, aus dem sich die Fristen für Planvorlagen zur Ausführung und Montage ergeben und Lieferfristen für Materialien und die Personaleinsatzplanung erkennen lassen.

Kommt es zu einer Massenabweichung von mehr als 10 %, so führt dies zu einer Verschiebung des Preisgefüges, in dem der Gewinn und die Gemeinkosten kalkuliert waren. In der Regel sind mit der Abweichung erweiterte organisatorische Maßnahmen und eine Verlängerung der Bauzeit verbunden. Im Einheitspreisvertrag billigt die VOB/B dem Auftragnehmer einen „neuen Preis“ unter Berücksichtigung der Mehr- oder Minderkosten zu. Auftraggeber verankern häufig eine Anzeigeverpflichtung des Auftragnehmers, sobald eine Mehrmengenüberschreitung erkennbar wird.

Die VOB/B spricht von einem „neuen“ Preis, lässt also bewusst offen, ob dieser höher oder niedriger als der im ursprünglichen Bauvertrag vereinbarte Preis liegt. Nach der neuesten Rechtsprechung des Bundesgerichtshofs kommt es für die Ermittlung des neuen Preises auf die Urkalkulation des Auftraggebers nicht mehr an. Maßgeblich sind die dem Auftragnehmer tatsächlich entstehenden Kosten für die Leistung der Mehrmengen, soweit keine anderslautende Vereinbarung zwischen den Vertragsparteien getroffen wurde.

Soweit die Mengenmehrung bereits während der Bauausführung festgestellt wird, kann die Leistungsänderung auch Auswirkungen auf Bauzeit oder auf das Zusammenwirken der anderen Unternehmer nach sich ziehen. Hinsichtlich der Auswirkungen der Mengenmehrung auf den Bauablauf sollte eine Abstimmung und Koordinierung im Rahmen der Bauüberwachung mit dem Auftraggeber und etwaigen anderen betroffenen Gewerken erfolgen.

Vermerk für den internen Betriebsablauf:

- Dokumentation der Mengenänderung und Anzeige der Überschreitung beim AG
- Dokumentation der tatsächlich erforderlichen Kosten
- Dokumentation der notwendigen organisatorischen Maßnahmen
- Dokumentation der Bauzeitveränderungen, von Personaleinsatz und Lieferfristen für Material
- Verhandlung mit Auftraggeber und Vertragsanpassung über den neuen Preis, vorzugsweise während der Bauzeit, auf Basis der tatsächlichen Kosten
- Prüfung der Auswirkung auf die Bauzeit, organisatorische Auswirkungen und Geltendmachung von Bauzeitverlängerungsansprüchen

Abs. Auftragnehmer

An Auftraggeber
Adresse

Ort, Datum

Gewerk: ....

Bauvorhaben: ....

in ....

hier: **Anzeige wegen Mengenüberschreitung beim Einheitspreisvertrag um mehr als 10 % gemäß § 2 Abs. 3 Nr. 2 VOB/B**

Sehr geehrte Damen und Herren,

wir zeigen an, dass es zu einer Überschreitung von mehr als 10 % des im Einheitspreisvertrag vorgesehenen Mengenansatzes gekommen ist/kommen wird.

Bei einer derartigen Mengenüberschreitung gibt die VOB/B in § 2 Abs. 3 Nr. 2 VOB/B dem Auftragnehmer das Recht, einen neuen Preis unter Berücksichtigung der Mehr- oder Minderkosten zu verlangen.

Finden Sie bitte als Anlage zu diesem Schreiben unsere Berechnung der von uns ermittelten Mehrmengen und der sich daraus ergebenden Mehrkosten sowie unseren geänderten Ablaufplan für die Bauzeitveränderung. Basis der Berechnung sind die uns tatsächlich entstehenden Kosten.

Wir bitten um zeitnahe Überprüfung und Bestätigung der von uns ermittelten Mehrkosten und der Änderungen der Bauzeit. Die entsprechende Aufstellung finden Sie als Anlage zu diesem Schreiben.

Mit freundlichen Grüßen

Auftragnehmer

Anlagen
wie erwähnt

Vergütungsänderung bei Mindermengen beim Einheitspreisvertrag gemäß § 2 Abs. 3 Nr. 3 VOB/B

Vorbemerkung

Im Rahmen der VOB/B ist der Einheitspreisvertrag die übliche Vergütungsart. Die Vergütung beim Einheitspreisvertrag wird anhand der im Leistungsverzeichnis vereinbarten Preise – leistungsabhängig – für den laufenden Meter, Stückkosten, Gewicht oder nach anderen Maßeinheiten bestimmt. Anhand eines vorzunehmenden Aufmaßes werden nach Fertigstellung die tatsächlichen Mengen ermittelt. Die Vergütung ergibt sich also aus dem im Leistungsverzeichnis festgelegten Einheitspreis und der nach Aufmaß ermittelten Menge.

Beim Einheitspreisvertrag stehen zum Zeitpunkt des Vertragsabschlusses die Massen und Mengen der unter einem Einheitspreis erfassten Leistungen nicht exakt fest. Der Auftragnehmer kalkuliert anhand der Ausschreibungsunterlagen seine Gemeinkosten (allgemeine Geschäftskosten, Kosten der Baustelleneinrichtung und Kosten der Baustellenunterhaltung u. a.) sowie seinen Gewinn in die angebotenen Einheitspreise ein. Bei Abgabe seines Angebotes geht er in der Regel von den Mengen und Massen aus, die im Leistungsverzeichnis vorgegeben sind, ohne dass diese Mengen und Massen verbindlich sind.

In Fällen, in denen eine Mengenunterschreitung um mehr als 10 % entsteht, hat der Auftragnehmer gemäß § 2 Abs. 3 VOB/B das Recht, den Einheitspreis für die tatsächlich ausgeführte Menge der Leistung oder Teilleistung zu erhöhen, soweit der Auftragnehmer nicht durch Erhöhung der Mengen bei anderen Ordnungszahlen (Positionen) oder in anderer Weise einen Ausgleich erhält. Im Einheitspreisvertrag billigt die VOB/B dem Auftragnehmer einen „neuen Preis“ unter Berücksichtigung der Mehr- oder Minderkosten zu. Mindermengen ziehen auch Auswirkungen auf die Bauzeit nach sich. Aufgrund von Produktivitätsverlusten beim Bauablauf kann die Bauzeit nicht proportional zum Mengenansatz angepasst werden. Diese muss an die tatsächlichen Erfordernisse angepasst werden. Ein etwaiger Ausgleich durch Erhöhung der Mengen bei anderen Positionen muss der Auftragnehmer prüfen und bei der Berechnung des neuen Preises berücksichtigen.

Vermerk für den internen Betriebsablauf:

- Dokumentation des Mengenansatzes und der Preisänderungen und zeitabhängigen Kosten
- Dokumentation der notwendigen organisatorischen Maßnahmen
- Dokumentation der Bauzeitveränderungen, von Personaleinsatz und Umgang mit zu viel bereitgestelltem Material
- Verhandlungen mit dem Auftraggeber und Vertragsanpassung und Schlussrechnungsprüfung

Abs. Auftragnehmer

An Auftraggeber
Adresse

Ort, Datum

Gewerk: ....

Bauvorhaben: ....

in ....

Vergütungsänderung bei Mindermengen beim Einheitspreisvertrag gemäß § 2 Abs. 3 Nr. 3 VOB/B

Sehr geehrte Damen und Herren,

bei der Erstellung des Aufmaßes für das uns beauftragte Bauvorhaben haben wir festgestellt, dass eine über 10 % hinausgehende Unterschreitung des Mengenansatzes entstanden ist. Für die tatsächlich ausgeführte Menge der von uns erbrachten Leistungen steht uns gemäß § 2 Abs. 3 Nr. 3 VOB/B eine Erhöhung des Einheitspreises für die tatsächlich ausgeführte Menge zu.

Ein etwaiger Ausgleich durch Erhöhung der Mengen bei anderen Positionen ist nicht möglich. Bei der Ermittlung des neuen Preises für die verringerte Menge haben wir uns an den uns tatsächlich entstehenden Kosten orientiert.

Die entsprechend korrigierte Kostenaufstellung fügen wir diesem Schreiben als Anlage bei. Auf die zwischen Ihnen und uns vereinbarten Zahlungsfristen weisen wir hin.

Mit freundlichen Grüßen

Auftragnehmer

Anlagen
wie erwähnt

Änderungen der Pauschalsumme wegen Mengenänderungen in Einheitspreisleistungspositionen gemäß § 2 Abs. 3 Nr. 4 VOB/B

Vorbemerkung

In § 2 Abs. 3 Nr. 4 VOB/B wird der Fall beschrieben, bei dem der unter einem Einheitspreis erfasste Leistungsumfang, für den eine Pauschalsumme vereinbart worden ist, durch die Änderung des Einheitspreises auch eine angemessene Änderung der Pauschalsumme gefordert werden kann.

Massen- bzw. Mengenänderungen kommen nach den allgemeinen Grundsätzen nur dann in Betracht, wenn die Zumutbarkeitsgrenze (= Opfergrenze) überschritten ist. Die Rechtsprechung hat noch keine klare Grenze gezogen, erfahrungsgemäß kann eine Anpassung bei einer Mengenabweichung ab über 20 % erfolgreich durch den Auftragnehmer gefordert werden. Die Grundlagen der ursprünglichen Preisermittlung sind dafür maßgeblich.

Auf die bauwirtschaftlichen Folgen der Änderung, die neben den finanziellen Auswirkungen auch organisatorischer und bauzeitlicher Natur sind, ist durch den Auftragnehmer zur Sicherung seiner Ansprüche besonders hinzuweisen.

Ein Kalkulationsirrtum aufseiten des Auftragnehmers ist für eine Preisanpassung beim Pauschalpreisvertrag unbeachtlich. Der Auftragnehmer gilt in dieser Situation als nicht schützenswert.

Vermerk für den internen Betriebsablauf:
- Kontrolle des Zustellungsnachweises
- Fristenkontrolle
- bei Schweigen Abrechnung auf Grundlage der neuen Preisbildung

Abs. Auftragnehmer

An Auftraggeber
Adresse

Ort, Datum

Gewerk: ....

Bauvorhaben: ....

in ....

Änderungen der Pauschalsumme wegen Mengenänderungen in Einheitspreisleistungspositionen gemäß § 2 Abs. 3 Nr. 4 VOB/B

Sehr geehrte Damen und Herren,

in unserem Bauvertrag sind die unter einem Einheitspreis erfassten Leistungen durch veränderte Mengenansätze um jeweils mehr als 20 % verändert worden. Dies hat zur Folge, dass für unseren Pauschalvertrag die hier eingetretenen Mengenänderungen auch zu einer Preisanpassung in den nachstehend genannten Positionen führen.

Die Änderungen des Mengengerüstes haben Auswirkung auf folgende Positionen des LV, deren Vorgabe zu einer Pauschalsumme führte:

Pos. .... des LV Pauschalvergabe zu € ....
Pos. .... des LV Pauschalvergabe zu € ....
Pos. .... des LV Pauschalvergabe zu € ....

Die Preisbildung zur Ermittlung der Pauschalsumme basiert auf der Einhaltung des ausgeschriebenen Mengengerüstes. Die Änderungen in den LV-Positionen führen dazu, dass sich bei den Pauschalsummen folgender Positionen nachfolgende Änderungen ergeben:

Pos. des LV	Mengenänderung	Ausführungsänderung
....	....	....
....	....	....
....	....	....

Auf Grundlage der Vorschriften des § 2 Abs. 3 Nr. 4 VOB/B haben wir eine Nachkalkulation vorgenommen und folgende Pauschalsummen neu ermittelt:

Pos. .... des LV Pauschalvergabe zu € ....
Pos. .... des LV Pauschalvergabe zu € ....
Pos. .... des LV Pauschalvergabe zu € ....

Selbstverständlich sind wir gerne bereit, unsere Kalkulationsgrundlagen offenzulegen und die tatsächlich erforderlichen Kosten zu erläutern. Bleiben wir bis zum .... ohne Rückäußerung, werden wir die Abrechnung aufgrund der neuen Preisbildung vornehmen.

Mit freundlichen Grüßen

Auftragnehmer

Anlagen
wie erwähnt

Änderungen des Einheitspreises wegen Leistungsänderungen gemäß § 2 Abs. 5 VOB/B (geänderter Bauentwurf, Nachkalkulation)

Vorbemerkung

Gemäß § 1 Abs. 3 VOB/B darf der Bauherr jederzeit den Bauentwurf ändern – also auch ohne Zustimmung des Auftragnehmers.

Dieses Recht des Auftraggebers verbindet die VOB/B allerdings mit der Verpflichtung des Auftraggebers, einen neuen Preis unter Berücksichtigung der Mehr- oder Minderkosten zu vereinbaren. § 2 Abs. 5 VOB/B, letzter Satz, gibt vor, dass die neue Preisermittlung **vor** der Ausführung getroffen werden **soll.**

Insoweit handelt es sich hier um eine Soll-Bestimmung, sodass der Anspruch nicht verloren geht, wenn der Auftragnehmer den geänderten Bauentwurf realisiert, bevor noch eine neue Vereinbarung über eine geänderte Preisermittlung abgeschlossen worden ist.

Um bei der Preisgestaltung für den geänderten Bauentwurf tragfähige Voraussetzungen vorgeben zu können, sollte der Auftragnehmer die Preisermittlungsgrundlagen von Anfang an so genau gestalten, dass auch für den Auftraggeber Anspruch und Höhe der Forderungen aus dem geänderten Bauentwurf rechtssicher nachvollziehbar sind oder Abrechnung nach tatsächlich erforderlichen Kosten vereinbaren.

Dem Auftragnehmer ist bei Änderungen des Bauentwurfes oder sonstigen Anordnungen des Auftraggebers im Sinne des § 2 Abs. 5 dringend anzuraten, den Vergütungsanspruch und etwaig damit verbundene Änderungen des Bauablaufes und daraus resultierende Mehrkosten, dem Auftraggeber anzukündigen. In der Praxis ist es immer wieder schwierig, Mehrkostenansprüche, die durch Bauentwurfsänderungen hervorgerufen werden, von Ansprüchen auf besondere Vergütung aus zusätzlichen Leistungen gemäß § 2 Abs. 6 rechtssicher abzugrenzen. Diese Unterscheidung spielt insoweit eine Rolle, als für zusätzliche Leistungen gilt, dass der Anspruch dem Auftraggeber vor Beginn der Leistungserbringung angekündigt werden **muss** und der Auftragnehmer an die Grundlagen der Preisermittlung für die vertragliche Leistung gebunden ist.

Sekundärfolgen und -kosten, wie z. B. aus der Leistungsänderung oder sonstigen Anordnungen resultierende Bauzeitverlängerungen oder Beschleunigungsmaßnahmen, sind in die kalkulierten Vergütungsanpassungen einzurechnen. Ist die Berechnung der Mehrkosten aus der Bauablaufänderung in die Bauinhaltsnachträge nicht möglich, muss im jeweiligen Nachtrag ausdrücklich darauf hingewiesen werden. Ohne einen solchen Hinweis kann der Auftraggeber später derartige Kosten ablehnen. Fehlt dieser Vorbehalt, kann der Auftraggeber zurecht davon ausgehen, dass Mehrkosten aus Bauablaufänderungen nicht mehr gesondert geltend gemacht werden. Es gilt: Kein Nachtrag zum Nachtrag!

Vermerk für den internen Betriebsablauf:

- Kontrolle des Zustellungsnachweises für die Leistungsanpassung
- Fristenkontrolle zur Annahme der Vergütungsanpassung
- Veranlassungen zur Baukoordination, Materialbeschaffung etc.
- ggf. Fortschreibung des Bauzeitenplanes
- Nachkalkulation der aus der Bauablaufänderungen resultierenden Mehrkosten

Abs. Auftragnehmer

An Auftraggeber
Adresse

Ort, Datum

Gewerk: ....

Bauvorhaben: ....

in ....

Vereinbarung vom ....

Änderungen des Einheitspreises wegen Leistungsänderungen gemäß § 2 Abs. 5 VOB/B (geänderter Bauentwurf, Nachkalkulation)

Sehr geehrte Damen und Herren,

mit Schreiben vom .... haben Sie eine Änderung des Bauentwurfes für Ihr Bauvorhaben bekannt gegeben. Durch diese Änderungen haben sich die Grundlagen des von uns ermittelten Preisgefüges geändert, sodass wir gehalten sind, einen neuen Preis unter Berücksichtigung der Mehr- oder Minderkosten mit Ihnen zu vereinbaren.

Die Kostenaufstellung fügen wir unserem Schreiben bei. Wir bitten Sie, diese Aufstellung zu überprüfen und die dadurch notwendige neue Preisgestaltung mit uns abzustimmen.

Nach den Vorgaben der VOB/B soll eine Vereinbarung vor Ausführung des geänderten Bauentwurfes zwischen den Parteien getroffen werden. Um das Bauvorhaben zügig voranbringen zu können, bitten wir um raschestmögliche Abstimmung und Bestätigung des beiliegenden Kostenangebotes für die geänderten Leistungen, spätestens bis zum ....

Mit freundlichen Grüßen

Auftragnehmer

Vergütungsankündigung und -verlangen bei zusätzlichen Leistungen, die zur Erbringung der vertraglichen Leistungen erforderlich sind gemäß § 2 Abs. 6 VOB/B

Vorbemerkung

Die Vorschrift des § 2 Abs. 6 VOB/B geht davon aus, dass dem Auftragnehmer bei der Forderung des Auftraggebers nach einer im Vertrag nicht vorgesehenen Leistung, die zur Ausführung der vertraglichen Leistung erforderlich ist, eine besondere Vergütung zusteht. Häufig erkennt das Erfordernis einer zusätzlichen Leistung nicht zuerst der Auftraggeber sondern der Auftragnehmer im Zuge des Bauablaufes.

Die Abgrenzung von zusätzlichen Leistungen im Sinne des § 1 Abs. 4 VOB Satz 1 und anderen Leistungen nach § 1 Abs. 4 Satz 2 ist für die Vertragsparteien oft nicht einfach zu erkennen. Zum einen geht es um die Zumutbarkeit der zu erbringenden Leistungen, zum anderen an die Möglichkeiten der Preisbildung.

Der Auftragnehmer muss seinen Anspruch sowohl bei zusätzlichen Leistungen als auch Zusatzarbeiten anmelden und angemessen begründen. Letztlich ist die vom Normengeber verlangte Ankündigungspflicht bei zusätzlich erforderlichen Leistungen des Auftragnehmers eine Schutzregelung zugunsten des Auftraggebers, der sich rechtzeitig auf die Veränderung einstellen können soll. Deswegen **muss** der Auftragnehmer seinen Anspruch auf besondere Vergütung **vor** Ausführung der Bauarbeiten **ankündigen**, ansonsten droht er seiner Vergütungsansprüche und etwaiger Bauzeitverlängerungsansprüche verlustig zu gehen. Die Vereinbarung der besonderen Vergütung soll möglichst vor Beginn der Ausführung vereinbart werden.

Soweit die im Vertrag nicht vorgesehenen Leistungen sich auch auf die Bauzeit auswirken, sind die Kosten der Bauzeitverlängerung einzukalkulieren und etwaige zeitliche Auswirkungen dem Auftraggeber mitzuteilen. Sind die finanziellen und zeitlichen Auswirkungen der zusätzlichen Leistungen noch nicht kalkulierbar, ist im jeweiligen Nachtrag klarzustellen, dass Mehrkosten aus Bauablaufänderungen nicht in dem Bauinhaltsnachtrag enthalten sind. Ohne einen solchen Hinweis kann der Auftraggeber später derartige Mehrkosten ablehnen, da ein Vorbehalt nicht erklärt wurde und er somit davon ausgehen konnte, dass Mehrkosten aus Bauablaufänderungen nicht mehr gesondert geltend gemacht werden. Es gilt: Kein Nachtrag zum Nachtrag!

Vermerk für den internen Betriebsablauf:

- Kontrolle des Zustellungsnachweises
- Dokumentation der Preisänderungen
- Dokumentation der notwendigen organisatorischen Maßnahmen
- Dokumentation der Bauzeitveränderungen, von Personaleinsatz und Lieferfristen für Material
- Vorbehaltserklärung zum Bauzeitennachtrag
- Zustimmungserklärung zu Vertragsanpassungen

Abs. Auftragnehmer

An Auftraggeber
Adresse

Ort, Datum

Gewerk: ....

Bauvorhaben: ....

in ....

Vereinbarung vom ....

Vergütungsankündigung und -verlangen bei zusätzlichen Leistungen, die zur Erbringung der vertraglichen Leistungen erforderlich sind gemäß § 2 Abs. 6 VOB/B

Sehr geehrte Damen und Herren,

Sie haben mit Schreiben vom .... eine im Bauvertrag nicht vorgesehene Leistung gefordert. Wir kommen dieser Anforderung gerne nach, weisen aber der guten Ordnung halber darauf hin, dass diese zusätzliche Forderung einen Anspruch auf besondere Vergütung auf unserer Seite auslöst.

Alternativ: Wir haben im Zuge der Baumaßnahme festgestellt, dass eine im Bauvertrag nicht vorgesehene Leistung zur Ausführung unserer vertraglich vereinbarten Leistung erforderlich ist.

Gemäß den Vorschriften der VOB/B, dort § 2 Abs. 6 Nr. 1, muss dieser zusätzliche Vergütungsanspruch Ihnen gegenüber angekündigt werden, bevor wir mit der Ausführung der Leistung beginnen. Wir haben für diese zusätzlichen Leistungen ein Nachtragsangebot erstellt.

Die Ausführung der im Hauptauftrag nicht vorgesehenen Leistungen bedingt auch eine Änderung des Bauablaufes und der Bauzeit. Aus der Leistungsänderung resultierende Bauzeitverlängerungen oder Beschleunigungsmaßnahmen sind in den kalkulierten Preisen dieses Angebotes nicht enthalten. Wir behalten uns vor, diese Kosten gesondert zu ermitteln und geltend zu machen.

Wir bitten Sie, die notwendigen organisatorischen Maßnahmen aufgrund der Leistungsänderungen zu veranlassen und den Bauablauf mit uns abzustimmen.

Wir bitten Sie, eine zeitnahe Überprüfung dieses Angebotes zur Leistungsanpassung vorzunehmen. Es basiert auf den Vertragsgrundlagen und den Vergütungsregelungen aus dem Hauptvertrag. Wir erwarten Ihre diesbezügliche Rückantwort bis spätestens zum ....

Mit freundlichen Grüßen

Auftragnehmer

Änderungen des Pauschalpreises beim Pauschalvertrag gemäß § 2 Abs. 7 Nr. 2 VOB wegen Änderung des Bauentwurfes und/oder einer Zusatzleistung

Vorbemerkung

Im Pauschalvertrag wird die vorgesehene Bauleistung unabhängig von der tatsächlich erbrachten Menge zu einem Pauschalpreis abgerechnet. Das Mengenermittlungsrisiko wird zwischen Auftragnehmer und Auftraggeber geteilt, ein gemeinsames Aufmaß entfällt. Auch bei der Pauschalpreisvereinbarung muss bestimmt werden, welche Leistungen zu einem Pauschalpreis erbracht werden sollen (Bau-Soll).

Es ist denkbar, dass – unabhängig von einem etwaigen Leistungsverzeichnis – eine Leistung als „schlüsselfertig" zu erbringen ist (funktionale Ausschreibung). Im Sinne des § 2 Abs. 7 VOB/B sind zwei Formen des Pauschalvertrages zu unterscheiden.

Der Detailpauschalvertrag hat als Ausgangspunkt eine VOB-konforme detaillierte Leistungsbeschreibung im Sinne des § 7 VOB/A zur Grundlage. Der Leistungsinhalt ist möglichst genau beschrieben. Die Pauschalierung bezieht sich auf den Preis. Es ist auch zulässig, nur für bestimmte Teile des Leistungsverzeichnisses eine Pauschalierung des Preises zu vereinbaren. Gemäß § 2 Abs. 7 Nr. 2 VOB/B ist es möglich, sowohl Einheitspreis- als auch Pauschalvereinbarungen kombiniert festzulegen.

Der Globalpauschalvertrag beinhaltet kein detailliertes Leistungsverzeichnis im Sinne des § 7 VOB/A. Der Leistungserfolg wird nur durch Vorgabe eines rein funktionalen Leistungszieles beschreiben. Es wird also nicht nur der Preis, sondern auch die Leistung pauschaliert.

Für Preisanpassung beim Pauschalpreisvertrag gilt Folgendes:

Grundsätzlich wird beim Pauschalpreisvertrag nur das reine Mengenrisiko ausgeschlossen. Soweit nach Vertragsabschluss durch Planänderungen oder in sonstiger Weise in den Auftrag eingegriffen wird, sind Preisanpassungen möglich und zulässig. Das gilt auch für zusätzliche Leistungen, die zur Erbringung des vertraglichen Erfolgs erforderlich sind. § 2 Abs. 7 Nr. 3 VOB/B schreibt ausdrücklich vor, dass die § 2 Abs. 4, 5 und 6 VOB/B unberührt bleiben.

Die Pauschalsumme deckt sämtliche Ansprüche des Auftragnehmers ab, die anfallen, um das beauftragte Bauvorhaben vertragsgerecht und mangelfrei zu erstellen. Die Praxis zeigt jedoch, dass bei Vereinbarung eines Pauschalvertrages die tatsächlich auszuführenden Leistungen des Auftragnehmers häufig von der vertraglich vorgesehenen Vergütung des Auftragnehmers erheblich abweichen.

Beide Vertragsparteien können sich auf die Vorschrift des § 2 Abs. 7 Nr. 1 VOB/B berufen, falls nach Ansicht der einen oder der anderen Vertragspartei die tatsächlich ausgeführte Leistung von der vertraglich vereinbarten Pauschalsumme so erheblich abweicht, dass ein Festhalten an der Pauschalsumme nicht mehr zumutbar ist. Bevor der Auftragnehmer mit der Ausführung der Leistungen beginnt, muss das Verlangen auf Vergütungsanpassung angekündigt werden.

Der neue Preis ist unter Berücksichtigung der Mehr- und Minderkosten zu bilden und sollte möglichst vor Auftragsausführung vereinbart werden. Auf die bauwirtschaftlichen Folgen der Änderungen, die neben den finanziellen Auswirkungen auch organisatorischer und bauzeitlicher Natur sind, ist durch den Auftragnehmer zur Sicherung seiner Ansprüche ebenfalls hinzuweisen.

Vermerk für den internen Betriebsablauf:

- Kontrolle des Zustellungsnachweises der Leistungsänderungsankündigung
- Dokumentation der Leistungsänderungen
- Dokumentation der notwendigen organisatorischen Maßnahmen
- Dokumentation der Bauzeitveränderungen, von Personaleinsatz und Lieferfristen für Material
- Zustimmungserklärung zu Vertragsanpassungen

Abs. Auftragnehmer

An Auftraggeber
Adresse

Ort, Datum

Gewerk: ....

Bauvorhaben: ....

in ....

Vereinbarung vom ....

Änderungen des Pauschalpreises beim Pauschalvertrag gemäß § 2 Abs. 7 Nr. 2 VOB wegen Änderung des Bauentwurfes und/oder einer Zusatzleistung

Sehr geehrte Damen und Herren,

wir haben festgestellt, dass die von uns zu erbringenden Arbeiten aufgrund von Änderungen, die Ihnen als Auftraggeber vorbehalten sind, so erheblich von der Leistungsbeschreibung und den bisherigen vertraglich vorgesehenen Leistungen abweichen, dass ein Festhalten an der Pauschalsumme nicht möglich ist. Die Leistungsänderungen basieren auf

1. Änderung des Bauentwurfes ....
   gemäß Planänderung vom ....
2. folgenden Anordnungen vom ...., veranlasst durch ....
   ....

Die zu erbringenden Leistungen weichen von der Leistungsbeschreibung und den bisherigen Vertragsgrundlagen wie folgt ab:

Pos. ..... des LV vom .... Ausführung gemäß Vertrag: ....
Leistungsänderung: ....

Pos. ..... des LV vom .... Ausführung gemäß Vertrag: ....
Leistungsänderung: ....

Pos. ..... des LV vom .... Ausführung gemäß Vertrag: ....
Leistungsänderung: ....

Die Änderungen betreffen

– den technischen Bereich, und zwar ....
– den organisatorischen Bereich, und zwar ....
– die Bauzeit, und zwar ....

- die Anpassung des Pauschalpreises, die auf § 2 Abs. 7 Nr. 2 S. 4 VOB/B in Verbindung mit § 2 Abs. 5 VOB/B basiert,
- die Anpassung des Pauschalpreises, die auf § 2 Abs. 7 Nr. 2 S. 4 VOB/B in Verbindung mit § 2 Abs. 6 VOB/B basiert.

Die Preisbildung sollte vor der Auftragsausführung erfolgen. Auf Grundlage der Vorschriften des § 2 Abs. 7 Nr. 1 VOB/B haben wir eine Kostenermittlung vorgenommen.

Wir melden unseren Anspruch auf Preisänderungen wie folgt an:

Pos. .... des LV Mehrkosten ca. € ....

Pos. .... des LV Mehrkosten ca. € ....

Pos. .... des LV Mehrkosten ca. € ....

Die genannten Mehrkosten sind nur geschätzt.

Den verbindlichen Preis erhalten Sie nach der genauen Kalkulation. Selbstverständlich sind wir gerne bereit, unsere Kalkulationsgrundlagen offenzulegen und das Rechenwerk zu erläutern.

Bleiben wir bis zum .... ohne Rückäußerung, werden wir die Leistungen aufgrund der Änderungsanordnung in KW .... vornehmen.

Mit freundlichen Grüßen

Auftragnehmer

Anlagen
wie erwähnt

Anzeige auftragslos erbrachter Leistungen gemäß § 2 Abs. 8 Nr. 2 VOB/B

Vorbemerkung

Grundsätzlich sind Leistungen, die der Auftragnehmer ohne Auftrag seines Auftraggebers oder unter eigenmächtiger Abweichung vom Auftrag ausführt, nicht vergütungsfähig. Im Gegenteil: Der Auftragnehmer hat sie auf Verlangen zu beseitigen. Für die etwa daraus entstehenden Schäden hat der Auftragnehmer aufzukommen.

Ausnahmsweise steht dem Auftragnehmer aber eine Vergütung zu, wenn der Auftraggeber Leistungen, die der Auftragnehmer ohne ausdrücklichen Auftrag des Auftraggebers ausführt, von diesem nachträglich anerkannt werden. Darüber hinaus steht dem Auftragnehmer auch eine Vergütung zu, wenn die Leistungen, die er ohne ausdrückliche Beauftragung des Auftraggebers durchführt, letztlich für die Erfüllung eines ordnungsgemäßen Bauvertrages notwendig waren oder zumindest dem mutmaßlichen Willen des Auftraggebers entsprachen und dem Auftraggeber unverzüglich angezeigt wurden.

Die Leistungsanzeige hat unverzüglich mit dem Beginn der Ausführungen zu erfolgen. Anderenfalls riskiert der Auftragnehmer seinen Vergütungsanspruch, wenn der Auftraggeber die erbrachten Leistungen nachträglich nicht anerkennt. Die Vorlage einer Kalkulation setzt die Leistungsanzeige nicht voraus.

Vermerk für den internen Betriebsablauf:
- Zustellungsnachweis der Leistungsanzeige kontrollieren
- Preisermittlung
- Übersendung der Kalkulation an den Auftraggeber und Vertragsanpassung

Abs. Auftragnehmer

An Auftraggeber
Adresse

Ort, Datum

Gewerk: ....

Bauvorhaben: ....

in ....

Vereinbarung vom ....

Anzeige auftragslos erbrachter Leistungen gemäß § 2 Abs. 8 Nr. 2 VOB/B

Sehr geehrte Damen und Herren,

hiermit zeigen wir Ihnen gemäß § 2 Abs. 8 Nr. 2 VOB/B an, dass wir folgende Leistungen

....

....

....

durchgeführt haben, da diese Leistungen für die Erfüllung der uns beauftragten Bauleistungen unabdingbar sind und wir davon ausgehen, dass die Erbringung dieser Leistungen Ihrem Willen entspricht.

Nach Erstellung des Aufmaßes werden wir Ihnen diese zusätzlichen Leistungen ordnungsgemäß in Rechnung stellen.

Mit freundlichen Grüßen

Auftragnehmer

Anzeige von Mehrvergütungsansprüchen für zusätzliche Zeichnungen und Unterlagen gemäß § 2 Abs. 9 VOB/B

Vorbemerkung

Es geschieht häufig, dass der Auftraggeber zusätzliche Zeichnungen, Berechnungen oder andere Unterlagen vom Auftragnehmer verlangt oder diese von ihm nachprüfen lässt.

Im Bauvertrag, den die Parteien miteinander abgeschlossen haben, sind diese Leistungen in der Regel weder beschrieben noch gefordert. Häufig beruft sich bei diesem Verlangen der Auftraggeber auf die sogenannte gewerbliche Verkehrssitte oder auf die Vorschriften der VOB/C, wonach der Auftragnehmer verpflichtet ist, diese zusätzlichen Berechnungen und Unterlagen kostenfrei zu liefern.

Der Auftragnehmer sollte dabei sorgfältig prüfen, ob das Verlangen des Auftraggebers wirklich zu einem zusätzlichen Vergütungsanspruch führen wird. Dies vorausgesetzt, ergibt sich das Schreiben gemäß § 2 Abs. 9 VOB/B.

Vermerk für den internen Betriebsablauf:

- Zugangsnachweis der zusätzlichen Beauftragung und Vergütungsanpassung prüfen
- Stundennachweise führen
- zeitnahe Vergütungsabrechnung an Auftraggeber, falls Regieleistung vereinbart

Abs. Auftragnehmer

An Auftraggeber
Adresse

Ort, Datum

Gewerk: ....

Bauvorhaben: ....

in ....

Anzeige von Mehrvergütungsansprüchen für zusätzliche Zeichnungen und Unterlagen gemäß § 2 Abs. 9 VOB/B

Sehr geehrte Damen und Herren,

mit Schreiben vom .... haben Sie

– von uns zusätzliche Zeichnungen und Berechnungen verlangt, die wir weder nach den technischen Vertragsbedingungen noch nach der gewerblichen Verkehrssitte zu beschaffen haben.

alternativ: die Nachprüfung der technischen Berechnungen erbeten.

Diese Arbeiten gehören nicht zu den Leistungspflichten unseres Bauvertrages.

Die Ausführung dieser Leistungen bedeutet für uns einen erheblichen Mehraufwand. Wir erlauben uns daher, diese gesondert in Rechnung zu stellen. Nachdem ein zwischen Ihnen und uns abgeschlossener Bauvertrag gemäß VOB/B besteht, richtet sich der geltend gemachte Vergütungsanspruch nach § 2 Abs. 9 Nr. 1 oder Nr. 2 VOB/B.

Mit freundlichen Grüßen

Auftragnehmer

Anlagen
wie erwähnt

Vergütung von Stundenlohnarbeiten gemäß § 2 Abs. 10 VOB/B in Verbindung mit § 15 VOB/B

Vorbemerkung

Die Vergütung von Stundenlohnarbeiten, die gemäß § 2 Abs. 10 VOB/B einer separaten Vereinbarung zwischen den Parteien bedarf, erfolgt nach aufgewendeter Arbeitszeit und verbrauchten Materialien. Ein Leistungserfolg wird ausdrücklich nicht geschuldet. Im Wesentlichen werden sog. Regiearbeiten im Stundenlohn erbracht. Es handelt sich dabei um flankierende Leistungen, die nicht zum eigentlichen Aufgabenbereich des Auftragnehmers gehören.

Grundsätzlich gilt: Die vom Auftragnehmer auszuführende Leistung ist nach den Einheitspreisen gemäß § 2 Abs. 2 VOB/B abzurechnen, sofern die Voraussetzungen für einen entsprechenden Vergütungsanspruch vorliegen. Die Rahmenbedingungen für die Erbringung von Stundenlohnarbeiten werden häufig als Eventualpositionen in den Bauverträgen definiert. Diese stellen jedoch noch keine Beauftragung durch den Auftraggeber dar. Stundenlohnarbeiten werden nur vergütet, wenn sie **vor** ihrem Beginn ausdrücklich vereinbart worden sind. Soweit Regiearbeiten durch Architekten oder mit der Bauüberwachung beauftragten Personen angeordnet werden, ist zu überprüfen, ob eine entsprechende Bevollmächtigung durch den Auftraggeber vorliegt. Ohne gesonderte Bevollmächtigung ist der Architekt oder Bauüberwacher nicht zur Anordnung von Stundenlohnarbeiten befugt.

Dem eigenmächtig handelnden Auftragnehmer steht keine Vergütung zu. Die Beweislast dafür, dass Stundenlohnarbeiten vereinbart wurden, trägt der Auftragnehmer. Über die geleisteten Arbeitsstunden und den dabei erforderlichen besonders zu vergütenden Aufwand (Vorhaltung von Maschinen, Frachten sowie etwaige Sonderkosten) sind je nach Verkehrssitte werktäglich oder wöchentlich Listen einzureichen. Unterzeichnete Rapportzettel ersetzen nicht die ausdrückliche Vereinbarung von Stundenlohnarbeiten.

Der Auftraggeber kann Einwendungen auf den Stundenlohnzetteln oder gesondert schriftlich erheben. Spätestens nach Ablauf von 6 Werktagen nach Zugang gelten nicht zurückgegebene Stundenzettel als anerkannt.

Stundenlohnarbeiten sind unverzüglich nach Abschluss abzurechnen, längstens jedoch in Abständen von vier Wochen. Sie gehören nicht in die Schlussrechnung. Sie werden binnen 21 Tagen nach Zugang der Aufstellung fällig. Einen Anspruch auf Sicherheitsleistung durch den Auftraggeber gibt es grundsätzlich nicht, da Stundenlohnarbeiten ihrer Natur nach nicht zum originären Aufgabenbereich des Auftragnehmers gehören.

Vermerk für den internen Betriebsablauf:

- Vereinbarung über die Erbringung von Stundenlohnarbeiten mit dem Auftraggeber
- Soweit Regieleistungen nicht durch den Auftraggeber selbst angeordnet werden, Bevollmächtigung des Vertreters prüfen
- Überwachung des Zugangs der Anzeige für Stundenlohnarbeiten vor Ausführung
- Fristüberwachung zur turnusmäßigen Vorlage der Stundenlohnzettel beim Auftraggeber bzw. seinem Bevollmächtigten
- Fristüberwachung zur Rückgabe der Stundenlohnzettel
- Fristüberwachung zur Abrechnung der Stundenlohnarbeiten in längstens vier Wochen
- Fristüberwachung Zahlungseingang binnen 21 Tagen gemäß § 16 Abs. 1 Nr. 3 VOB/B

Abs. Auftragnehmer

An Auftraggeber
Adresse

Ort, Datum

Gewerk: ....

Bauvorhaben: ....

in ....

Vergütung von Stundenlohnarbeiten gemäß § 2 Abs. 10 VOB/B in Verbindung mit § 15 VOB/B

Sehr geehrte Damen und Herren,

Sie haben uns mit Vertrag vom .... beauftragt. In Pos. .... wurden für Stundenlohnarbeiten Vergütungssätze für die zu erbringenden Arbeiten festgelegt.

Herr/Frau .... als Ihr(e) Bevollmächtigte(r) hat uns am .... mit folgenden Stundenlohnarbeiten gemäß § 2 Abs. 10 VOB/B beauftragt, die wir nach den vertraglichen Vereinbarungen durchführen werden.

Der Beginn der Stundenlohnarbeiten erfolgt voraussichtlich am ....

Die Erstellung der Stundenlohnzettel erfolgt täglich/wöchentlich, die vertragsgerecht Herrn/ Frau .... zur Unterzeichnung vorgelegt werden.

Mit freundlichen Grüßen

Auftragnehmer

Vorlage von Stundenlohnzetteln gemäß § 15 Abs. 3 VOB/B

Vorbemerkung

Die Stundenlohnarbeiten sind in der VOB/B überproportional ausführlich geregelt und beschrieben. Dies mag daran liegen, dass zum Zeitpunkt der Entstehung der VOB/B Auftragnehmer in der Regel die ihnen beauftragten Arbeiten auf Stundenlohnbasis ausgeführt haben. Der erste Hinweis auf Stundenlohnarbeiten findet sich im Kapitel Vergütung in § 2 Abs. 10 VOB/B mit dem Hinweis auf § 15 VOB/B.

§ 15 VOB/B widmet sich in einem umfangreich formulierten Paragraphen ausführlich der Art und Weise, wie Stundenlohnarbeiten erbracht und abgerechnet werden. Als unabdingbare Voraussetzung formuliert § 2 Abs. 10 VOB/B, dass Stundenlohnarbeiten grundsätzlich nur vergütet werden, wenn sie als solche vor ihrem Beginn ausdrücklich vereinbart worden sind. Der Hinweis im Bauvertrag, dass Stundenlohnarbeiten gegebenenfalls anfallen können, reicht nicht aus und ersetzt nicht eine zwischen den Parteien zu treffende Stundenlohnvereinbarung. Vom Architekten oder Bauüberwacher bescheinigte Stundenlohnzettel stellen weder eine Stundenlohnvereinbarung (es sei denn der Architekt wurde hierzu vom Auftraggeber besonders bevollmächtigt) noch ein Schuldanerkenntnis dar.

Vermerk für den internen Betriebsablauf:

- Vorlage der Stundenlohnzettel beim Auftraggeber oder dessen Bevollmächtigten und Zugang prüfen
- Überwachung der Frist für Einwendungen gegen die Stundenlohnzettel und zur Rückgabe der Stundenlohnzettel
- Fristüberwachung zur Abrechnung der Stundenlohnarbeiten nach Abschluss der Arbeiten, längstens innerhalb von vier Wochen nach Leistungserbringung
- Fristüberwachung Zahlungseingang binnen 21 Tagen gemäß § 16 Abs. 1 Nr. 3 VOB/B

Abs. Auftragnehmer

An Auftraggeber
Adresse

Ort, Datum

Gewerk: ....

Bauvorhaben: ....

in ....

Vereinbarung vom ....

Vorlage von Stundenlohnzetteln gemäß § 15 Abs. 3 VOB/B

Sehr geehrte Damen und Herren,

in der Anlage überreichen wir Ihnen unsere Stundenlohnzettel über die von uns auf Stundenlohnbasis erbrachten Arbeiten.

Nur der guten Ordnung halber erlauben wir uns den Hinweis, dass die von Ihnen bzw. Herrn/Frau .... als Ihrem Bevollmächtigten bescheinigten Stundenlohnzettel unverzüglich, spätestens jedoch innerhalb von 6 Werktagen nach Zugang an uns zurückzugeben sind.

Nicht fristgemäß zurückgegebene Stundenlohnzettel gelten als anerkannt.

Mit freundlichen Grüßen

Auftragnehmer

Anlage
erwähnt

(Nach-)Verhandlungen über Leistungs- und Bauablaufänderungen im Sinne der §§ 1 Abs. 3 und 4 VOB/B in Verbindung mit § 2 Abs. 5 oder 6 VOB/B

Anwendung der Grundsätze über das kaufmännische Bestätigungsschreiben bei (Baustellen-)Protokollen über (Nach-)Verhandlungen über Leistungs- und Bauablaufänderungen

Vorbemerkung

Im Zusammenhang mit den Regelungen der VOB/B kommen in den letzten Jahren zunehmend §§ 346 und 362 HGB zur Anwendung. § 362 HGB befasst sich mit dem sog. kaufmännischen Bestätigungsschreiben. Es stimmt, dass Kaufleute, die in geschäftlichen Beziehungen zueinander stehen, besondere Sorgfaltspflichten wahrzunehmen haben. Macht z. B. ein Geschäftspartner ein Angebot zur Ausführung baulicher Maßnahmen oder umgekehrt zur Ausführung eines Bauauftrages, dann sind beide Seiten jeweils verpflichtet, auf derartige Angebote „ohne schuldhaftes Zögern" zu erwidern. Die Grundsätze des kaufmännischen Bestätigungsschreibens sind auch auf (Baustellen-)Protokolle anwendbar. Der Auftragnehmer muss daher dem Inhalt eines vom Auftraggeber erstellten Protokolls unverzüglich widersprechen, ansonsten kann sein Schweigen wie eine nachträgliche Genehmigung behandelt werden.

Dies ist besonders von Bedeutung bei Protokollierungen von Vereinbarungen in Baubesprechungen, in denen der Auftraggeber geänderte Bauleistungen oder Maßnahmen zur Bauablaufbeschleunigung verlangt. Es ist üblich, dass Verhandlungen zu geänderten Bauumständen auf der Baustelle erfolgen und das Ergebnis dieser (Nach-)Verhandlungen bestätigt und schriftlich dokumentiert wird. Erhält der Auftragnehmer zeitnah zu einer solchen Besprechung, in der über Vertragsänderungen diskutiert wurde, das darüber erstellte Protokoll und ist daraus die Abänderung des ursprünglichen Bauvertrages zu erkennen, muss er dieses Protokoll sorgfältig unverzüglich prüfen.

Er muss einem solchen Protokoll nach den zum kaufmännischen Bestätigungsschreiben entwickelten Grundsätzen unverzüglich widersprechen, wenn er verhindern will, dass sein Schweigen wie eine Genehmigung behandelt wird und die Vereinbarung mit diesem protokollierten Inhalt zustande kommt. Der Auftraggeber kann erwarten, dass der Auftragnehmer im Falle des fehlenden Einverständnisses (innerhalb eines Zeitraumes von 2 bis 5 Werktagen) widerspricht.

Das Protokoll hat die Wirkung eines kaufmännischen Bestätigungsschreibens dann nicht, wenn der Auftraggeber, in diesem Protokoll so weit von dem Ergebnis der tatsächlichen Verhandlungen abweicht, dass er vernünftigerweise nicht mit dem Einverständnis des Auftragnehmers zu seinem abweichenden Protokoll rechnen konnte.

Vermerk für den internen Betriebsablauf:
- Baustellenprotokoll unverzüglich – innerhalb von 2 bis 3 Tagen prüfen
- bei Unrichtigkeiten Widerspruch einlegen und Zugang kontrollieren
- Kontrolle des Auftragseingangs über die Leistungsänderungen, Bauablaufänderungen und Vergütungsanpassung
- Dokumentation der notwendigen organisatorischen Maßnahmen
- Dokumentation der Bauzeitveränderungen, Personaleinsatz und Lieferfristen für Material
- Kalkulation und Übersendung des Nachtragsangebotes an Auftraggeber

Abs. Auftragnehmer

An Auftraggeber
Adresse

Ort, Datum

Gewerk: ....

Bauvorhaben: ....

in ....

Koordinationsbesprechung vom ....

(Nach-)Verhandlungen über Leistungs- und Bauablaufänderungen im Sinne der §§ 1 Abs. 3 und 4 VOB/B in Verbindung mit § 2 Abs. 5 oder 6 VOB/B.

hier: Widerspruch zum Ergebnisprotokoll der Baustellenbesprechung vom ....

Sehr geehrte Damen und Herren,

wir widersprechen vorsorglich Ihrem oben genannten Ergebnisprotokoll der Baustellenbesprechung vom .... Uhr bis .... Uhr.

Wir wurden über die (hier beispielhaft erwähnt)

- Leistungsänderung
- geänderten Bauumstände (räumlich oder örtlich) und die daraus resultierenden Erschwernisse
- die geänderte Terminsituation und den verzögerten Ausführungsbeginn informiert.

Die dargestellten Ausführungen basieren auf Wünschen von Ihrer Seite als Auftraggeber und waren weder im Bauvertrag noch in der Baubesprechung zur vertraglichen Grundlage geworden. Es wurde von uns klargestellt, dass wir Ihre Wünsche zunächst organisatorisch und wirtschaftlich prüfen müssen. Eine – wie im Protokoll dargestellte – verbindliche Festlegung ist nicht erfolgt. Soweit Ihr Ergebnisprotokoll den Charakter eines kaufmännischen Bestätigungsschreibens haben sollte, widersprechen wir hiermit vorsorglich in oben dargestelltem Umfang.

Beispielhaft: Änderung der Bauleistung

Durch die Änderungen der Bauleistung/Bauablauf/Terminänderung und zwar

- gemäß ....
- gemäß ....

und deren Ausführung in der ..... KW würde in unsere Bauablauforganisation eingegriffen, sodass dadurch Mehrkosten verursacht werden. Wir werden diese kurzfristig kalkulieren und Ihnen eine entsprechende Kostenkalkulation zukommen lassen.

Beispielhaft: Beschleunigungsmaßnahmen

Bitte bestätigen Sie, ob die geäußerten Terminwünsche als Anordnung im Sinne des § 1 Abs. 4 VOB/B (Andere Leistungen) zu verstehen sind. Für den Fall, dass eine Beschleunigungsanordnung getroffen wird, kündigen wir vorsorglich an, dass die Beschleunigungsmaßnahmen gesondert zu vergüten sind.

Nach Eingang der Anordnung sind wir in der Lage, ab dem .... mit der Ausführung der .... Bauarbeiten zu beginnen.

Mit freundlichen Grüßen

Auftragnehmer

Bedenkenanmeldung bezüglich der Anordnungen des Auftraggebers gemäß § 4 Abs. 1 Nr. 4 VOB/B

Vorbemerkung

Hält der Auftragnehmer Anordnungen des Auftraggebers für unberechtigt oder unzweckmäßig, so hat er seine Bedenken geltend zu machen.

Der Auftragnehmer muss diese Bedenkenanmeldung unverzüglich schriftlich erklären und begründen.

Über die Bedenkenmeldung ist eine Auftraggeberentscheidung erforderlich. Daher sollte ein Hinweis an den Auftraggeber erfolgen, bis zu welchem Zeitpunkt eine Entscheidung erwartet wird, damit eine Behinderung des Bauablaufes nicht einzutreten droht.

Auf jeden Fall hat der Auftragnehmer auf die Folgen der Nichtabhilfe seiner Bedenken hinzuweisen, die aus zusätzlichen organisatorischen Maßnahmen resultieren und bauzeitliche und finanzielle Mehraufwendungen erfordern. Der Auftraggeber hat die Mehrkosten zu tragen.

Für den Fall, dass der Auftraggeber die geäußerten Bedenken nicht teilt, aber eine Haftungsfreistellung von ihm nicht explizit erklärt wird, sollte der Auftragnehmer im Sinne eines kaufmännischen Bestätigungsschreibens gesondert erklären, dass die Anordnungen – wie verlangt – ausgeführt werden, eine Haftung für die daraus entstehenden Folgen (z. B. Mängelansprüche) nicht übernommen wird. Voraussetzung für den wirksamen Haftungsausschluss ist, dass gesetzliche oder behördliche Bestimmungen der Anordnung nicht entgegenstehen.

Vermerk für den internen Betriebsablauf:
- Zustellungsnachweis und Antwortkontrolle
- drohende Behinderung prüfen und ggf. Behinderungsanzeige nach § 6 Abs. 1 VOB/B
- Leistungsverweigerung und Mitteilung bei entgegenstehenden gesetzlichen oder behördlichen Auflagen und drohenden größeren Schäden
- Vorschlag zur Abhilfe der Erschwerung und Mehrkostenermittlung

Abs. Auftragnehmer

An Auftraggeber
Adresse

Ort, Datum

Gewerk: ....

Bauvorhaben: ....

in ....

Vertrag vom ....

Bedenkenanmeldung bezüglich der Anordnungen des Auftraggebers gemäß § 4 Abs. 1 Nr. 4 VOB/B

Sehr geehrte Damen und Herren,

Sie haben unserem Bauleiter gegenüber Anordnungen erteilt, die zu unserer sicheren Überzeugung unberechtigt und unzweckmäßig sind, und zwar aus folgenden Gründen ....
....
....
....

Wir bitten Sie, diese Bedenken zu überprüfen. Aufgrund Ihrer Anordnungen wird es zu Mehrkosten kommen, die von Ihnen zu tragen sind.

Zur Vermeidung drohender Störungen bitten wir Sie, uns unverzüglich – spätestens jedoch bis zum .... mitzuteilen, ob Sie unsere Bedenken teilen.

Für den Fall, dass wir innerhalb der vorgenannten Frist ohne Rückäußerung Ihrerseits verbleiben, werden wir nach Ihren Anweisungen die Arbeiten fortsetzen, wobei Sie als Auftraggeber für die getroffenen Anordnungen verantwortlich bleiben.

Mit freundlichen Grüßen

Auftragnehmer

Bedenkenanmeldung bezüglich Art und Weise der Leistungsausführung gemäß § 4 Abs. 3 VOB/B

Vorbemerkung

Die Anmeldung von Bedenken gemäß § 4 Abs. 3 VOB/B gehört zu den wichtigsten Verpflichtungen des Auftragnehmers gegenüber seinem Auftraggeber. Der Auftragnehmer ist stets um ein gutes Verhältnis zu seinem Auftraggeber bemüht und möchte dem Auftraggeber selbstverständlich nicht als Querulant erscheinen. Andererseits ist der Auftragnehmer verpflichtet, dem Auftraggeber seine Bedenken gegen die vorgesehene Art der Ausführung, die Sicherung gegen Unfallgefahren, gegen die Güte der Baustoffe oder Bauteile oder auch gegen die Leistungen anderer am Bauvorhaben beteiligter Auftragnehmer mitzuteilen.

Diese Bedenkenanmeldung **muss** unverzüglich – wenn möglich schon vor Beginn der Ausführungen – schriftlich erklärt und begründet werden. Wie ernst es der VOB/B mit dieser Bedenkenanmeldung ist, ergibt sich aus § 13 Abs. 3 VOB/B. Darin heißt es: Ist ein Mangel zurückzuführen auf die Leistungsbeschreibung oder auf Anordnungen des Auftraggebers, auf die von diesem gelieferten oder vorgeschriebenen Stoffe oder Bauteile oder die Beschaffenheit der Vorleistungen eines anderen Unternehmers, haftet der Auftragnehmer, es sei denn, er hat die ihm gemäß § 4 Abs. 3 VOB/B obliegende Mitteilung schriftlich gemacht.

Soweit der Auftragnehmer aufgrund seiner Fachkompetenz gehalten ist, seinerseits Vorschläge zur Behebung seiner Bedenken zu unterbreiten, ist unbedingt darauf hinzuweisen, dass das **Planungsrisiko** für die Art und Weise der Bauausführung beim Auftraggeber verbleibt.

Über die Bedenkenanmeldung ist eine Auftraggeberentscheidung erforderlich. Daher sollte ein Hinweis an den Auftraggeber erfolgen, bis zu welchem Zeitpunkt eine Entscheidung erforderlich ist, da ansonsten eine Behinderung des Bauablaufes einzutreten droht.

Vermerk für den internen Betriebsablauf:

- Zustellungsnachweis und Antwortkontrolle
- drohende Behinderung prüfen und ggf. Behinderungsanzeige nach § 6 Abs. 1 VOB/B
- Leistungsverweigerung und Mitteilung bei entgegenstehenden gesetzlichen oder behördlichen Auflagen und drohenden größeren Schäden
- Vorschlag zur Behebung prüfen und die Auswirkungen auf die Preisermittlung und Bauzeit bedenken

Abs. Auftragnehmer

An Auftraggeber
Adresse

Ort, Datum

Gewerk: ....

Bauvorhaben: ....

in ....

Vertrag vom ....

Bedenkenanmeldung bezüglich Art und Weise der Leistungsausführung gemäß § 4 Abs. 3 VOB/B

Sehr geehrte Damen und Herren,

nach dem o. g. zwischen uns bestehenden Bauvertrag sind wir verpflichtet, folgende Leistungen auszuführen:

....

....

Hiermit melden wir Bedenken gemäß § 4 Abs. 3 VOB/B gegen die vorgesehene Art dieser Leistungsausführung an. Unsere Bedenken begründen wir wie folgt: ....

....

....

Optional: Ein Vorschlag zur Behebung unserer Bedenken ist in der Anlage zu diesem Schreiben beigefügt. Wir weisen darauf hin, dass wir bei Umsetzung dieses Vorschlages das Planungsrisiko nicht übernehmen und dieses weiterhin in die Verantwortungssphäre des Auftraggebers fällt.

Wir bitten Sie, die von uns angemeldeten Bedenken (optional: und den beiliegenden Änderungsvorschlag) zu überprüfen und uns bis zum .... mitzuteilen, wie Sie in der Sache entscheiden werden.

Wir weisen vorsorglich darauf hin, dass bei nicht fristgerechter Mitteilung Ihrer Entscheidung eine Behinderung des Bauablaufes einzutreten droht.

Sollten wir – wider Erwarten – von Ihrer Seite die Anweisung erhalten, die Leistung, trotz unserer angemeldeten Bedenken, wie bisher vorgegeben auszuführen, gilt: Sie als Auftraggeber sind in diesem Fall für etwaig aus der vorgegebenen Ausführung herrührende Mängel verantwortlich. Eine Mängelhaftung unsererseits ist insoweit gemäß § 13 Abs. 3 VOB/B in Verbindung mit § 4 Abs. 3 VOB/B ausgeschlossen.

Mit freundlichen Grüßen

Auftragnehmer

Verlangen nach Zustandsfeststellung zur Abrechnung später nicht mehr prüfbarer Leistungen (Verlangen nach „technischer Abnahme“) gemäß § 4 Abs. 10 in Verbindung mit § 14 Abs. 2 VOB/B

Vorbemerkung

Zwischen den Parteien entsteht oft ein Konflikt, wenn es darum geht, Leistungen des Auftragnehmers festzustellen, wenn diese im Rahmen der weiteren Ausführung der Prüfung und Feststellung entzogen werden. Die Zustandsfeststellung muss begrifflich deutlich von der Abnahme unterschieden werden. § 4 Abs. 10 VOB/B steht in Zusammenhang mit § 14 Abs. 2 VOB/B, der die Abrechnungsfähigkeit solcher Leistungen sicherstellen soll.

Die Abrechnungsbestimmungen in den Technischen Vertragsbedingungen und den anderen Vertragsunterlagen sind hierbei zu beachten. Für Leistungen, die bei Weiterführung der Arbeiten nur schwer feststellbar sind, hat der Auftragnehmer **rechtzeitig** gemeinsame Feststellungen zu beantragen. Der Befund sollte in gemeinsamer Verhandlung schriftlich niedergelegt werden.

Dem Auftragnehmer sei empfohlen, die Zustandsfeststellung im Falle fehlender auftraggeberseitigen Teilnahmebereitschaft auch einseitig durchzuführen, ggf. unter Beiziehung eines Sachverständigen, um den Zustand beweisbar zu machen und die Weiterführung der Arbeiten zu ermöglichen.

Vermerk für den internen Betriebsablauf:
- rechtzeitige Aufforderung zur gemeinsamen Zustandsfeststellung
- Zustellungsnachweis überwachen und gemeinsamen Termin koordinieren
- angemessene Fristenkontrolle, ggf. drohende Behinderung prüfen und anzeigen
- einseitige Zustandsfeststellung unter Beiziehung eines Sachverständigen organisieren

Abs. Auftragnehmer

An Auftraggeber
Adresse

Ort, Datum

Gewerk: ....

Bauvorhaben: ....

in ....

Vertrag vom ....

Verlangen nach Zustandsfeststellung zur Abrechnung später nicht mehr prüfbarer Leistungen (Verlangen nach „technischer Abnahme“) gemäß § 4 Abs. 10 in Verbindung mit § 14 Abs. 2 VOB/B

Sehr geehrte Damen und Herren,

im Zuge der uns beauftragten Arbeiten haben wir Leistungen erbracht, die bei der weiteren Ausführung des Bauvorhabens der Prüfung und Feststellung entzogen werden. Wir beantragen daher die gemeinsame Zustandsfeststellung gemäß § 4 Abs. 10 VOB/B.

Da die Prüfung und die Feststellungen der erbrachten Leistungen in unserem beiderseitigem Interesse liegen und gleichzeitig als Nachweis für die Abrechnung dienen, bitten wir um raschestmögliche Benennung eines Termins damit der Fortgang der Arbeiten sichergestellt ist, spätestens bis zum ....

Für den Fall, dass wir bis zum o. g. Termin ohne Rückäußerung Ihrerseits bleiben, werden wir die Zustandsfeststellung ohne Ihre Teilnahme durchführen.

Mit freundlichen Grüßen

Auftragnehmer

Behinderungsanzeige gemäß § 6 Abs. 1 VOB/B in Verbindung mit § 6 Abs. 2 VOB/B

Vorbemerkung

Der gestörte Bauablauf ist ein Phänomen, das sehr häufig auftritt. Seine Ursachen sind häufig Termindruck, zu späte, teils baubegleitende Planung, Witterungseinflüsse, bauseitige Änderungswünsche, echte und vermeintliche Vertragspflichtverletzungen der am Bau Beteiligten. Daher gehört § 6 VOB/B zu den wichtigsten und umstrittensten Regelungen innerhalb der VOB/B. Glaubt sich der Auftragnehmer in der ordnungsgemäßen Ausführung der Leistung behindert, so hat er dies dem Auftraggeber **unverzüglich schriftlich** anzuzeigen.

Durch das Wort „glaubt" stellt der Normengeber klar, dass sich der Auftragnehmer in seiner Behinderung auch irren kann, ohne dass dies unmittelbar zu Schadenersatzansprüchen zugunsten des Auftraggebers führen würde. § 6 Abs. 2 VOB/B bemüht sich, den Katalog der möglichen Behinderungen möglichst präzise zu formulieren und die Möglichkeiten denkbarer Behinderungen einzugrenzen. Nach der Rechtsprechung gehört die ordnungsgemäße Ausführung eines Vorgewerks in die Risikosphäre des Auftraggebers. In § 6 Abs. 2 Nr. 1 und Nr. 2 VOB/B sind die wesentlichen und häufigsten Behinderungstatbestände katalogisiert.

Gemäß § 6 Abs. 2 Nr. 1 b) und c) werden Ausführungsfristen verlängert, wenn die Ursachen der Verzögerung durch höhere Gewalt oder andere für den Auftragnehmer unabwendbare Umstände (hier kommen Ereignisse infrage wie z. B. Arbeitsunfälle, Verkehrsunfälle, Störungen auf der Baustelle, Bombenfund etc.) begründet sind.

Gemäß § 6 Abs. 2 Nr. 2 werden Ausführungsfristen verlängert, wenn Witterungseinflüsse während der Ausführungszeit eintreten, mit denen bei Abgabe des Angebotes **normalerweise** nicht gerechnet werden musste, zum Beispiel:

- extreme Witterungseinflüsse, mit denen innerhalb der vorgesehenen Bauzeit nicht gerechnet werden konnte (hier sind Referenzwerte zu definieren, z. B. Mittelwert einer 10-Jahresnorm gemäß Auskunft des Deutschen Wetteramtes)

Um Ansprüche aus Behinderungen durchzusetzen, bedarf es einer unverzüglichen schriftlichen Anzeige. Die hindernden Umstände sind unter Angabe des Ortes, des Raumes, des Zeitpunktes, der Art der Behinderung, welche Leistungspositionen betroffen sind, ggf. durch Verweis auf den Bauzeitenplan, genau zu beschreiben und wenn möglich durch eine Fotodokumentation zu ergänzen. Unerlässlich ist die Darstellung der zu erwartenden Auswirkungen der Leistungsstörung auf das künftige Baugeschehen in organisatorischer, zeitlicher und finanzieller Hinsicht.

Der Auftragnehmer muss nachweisen, dass er zum vereinbarten Termin zur Durchführung der vom Auftraggeber geforderten Leistung leistungsbereit ist, die vertragsgemäße Ausführung der Arbeiten anbietet und somit den Auftragnehmer in Annahmeverzug setzt. Sind die für die Leistungserbringung hindernden Umstände vom Auftraggeber zu vertreten, steht dem Auftragnehmer gemäß § 6 Abs. 6 Ersatz des nachweislich entstandenen Schadens zu. Entgangener Gewinn wird nur erstattet, wenn der Auftraggeber vorsätzlich oder grob fahrlässig gehandelt hat. Für den Auftragnehmer stellt es stets eine große Herausforderung dar, die haftungsbegründende Kausalität zwischen Behinderung und dem eingetretenen Schaden nachzuweisen.

Der Auftraggeber gerät gemäß § 293 BGB in Annahmeverzug, wenn er Mitwirkungspflichten unterlässt oder die Abnahme der Bauleistung versagt. In diesem Fall schuldet der Auftraggeber eine angemessene Entschädigung gemäß § 642 BGB.

Der Auftragnehmer hat alles zu tun, was ihm billigerweise zugemutet werden kann, um die Weiterführung der Arbeiten zu ermöglichen.

Sollte die Fortsetzung der beauftragten Arbeiten für längere Dauer unterbrochen werden, ohne dass die Leistung als solche unmöglich wird, sind die schon ausgeführten Arbeiten nach den vereinbarten Vertragspreisen abzurechnen und außerdem die Kosten geltend zu machen, die bereits entstanden sind und in den Vertragspreisen des nicht ausgeführten Teils der Leistungen enthalten sind (§ 6 Abs. 5 VOB/B).

Vermerk für den internen Betriebsablauf:

- Baudokumentation und Bautagebuch führen
- unverzügliche Anzeige der Behinderung und Fotodokumentation
- Zugangskontrolle der Behinderungsanzeige
- Dokumentation der notwendigen organisatorischen Maßnahmen infolge der Behinderung
- Dokumentation der Bauzeitveränderungen, Personaleinsatz innerhalb oder außerhalb der Baustelle, Einarbeitung und Kolonnen für unproduktives Arbeiten, Materiallieferungen, Bauzeitzinsen
- Dokumentation der tatsächlichen Mehrkostenforderungen, z. B. Stillstandskosten, Gerätekosten und Personal, zeitabhängige Mehrkosten, allgemeine Geschäftskosten, Beschleunigungskosten, entgangener Gewinn nur bei Vorsatz oder grober Fahrlässigkeit
- Zustimmungserklärung zur Bauzeitverlängerung
- Ankündigung und Abrechnung der Mehrkostenforderungen in kurzfristigen Zeitabständen

Abs. Auftragnehmer

An Auftraggeber
Adresse

Ort, Datum

Gewerk: ....

Bauvorhaben: ....

in ....

Vereinbarung vom ....

Behinderungsanzeige gemäß § 6 Abs. 1 VOB/B in Verbindung mit § 6 Abs. 2 VOB/B

Sehr geehrte Damen und Herren,

bei obigem Bauvorhaben sind wir in der ordnungsgemäßen Ausführung der uns übertragenen Leistungen im Sinne des § 6 Abs. 1 VOB/B behindert. Die Behinderung ist eingetreten am .... um .... Uhr an dem Ort .... Raum .... und betrifft die Ausführung der folgenden Leistungspositionen:

LV-Pos. ....

gemäß Bauzeitenplan ....

Art der hindernden Umstände:

....

....

Die bauwirtschaftlichen Folgen sind

- derzeit nicht beurteilbar, weil ...
- organisatorische Auswirkungen (siehe gesonderte Hinweise gemäß Anlage zu diesem Schreiben),
- zeitliche Auswirkungen (siehe gesonderte Hinweise gemäß Anlage zu diesem Schreiben),
- finanzielle Auswirkungen (siehe gesonderte Hinweise gemäß Anlage zu diesem Schreiben).

Gemäß § 6 Abs. 2 Nr. 1 VOB/B sind die Ausführungsfristen zu verlängern. Wir weisen darauf hin, dass die durch die Behinderung verursachte Verzögerung nach den Vorgaben der VOB/B nicht zu unseren Lasten geht. Die Fristverlängerung berechnet sich gemäß § 6 Abs. 4 VOB/B nach der Dauer der Behinderung und einem Zeitzuschlag für die Wiederaufnahme der uns beauftragten Arbeiten und möglicherweise auch die etwaige Verschiebung der Ausführungszeit in eine ungünstigere Jahreszeit (§ 6 Abs. 4 VOB/B).

Sollte sich herausstellen, dass die Fortsetzung der uns beauftragten Arbeiten für längere Dauer unterbrochen werden wird, ohne dass die Leistung als solche unmöglich wird, werden wir die bisher schon ausgeführten Arbeiten nach den vereinbarten Vertragspreisen abrechnen und außerdem die Kosten geltend machen, die uns bereits entstanden und in den Vertragspreisen des nicht ausgeführten Teils der Leistungen enthalten sind (§ 6 Abs. 5 VOB/B).

Der guten Ordnung halber weisen wir darauf hin, dass uns Ersatz des nachweislich entstandenen Schadens gemäß § 6 Abs. 6 VOB/B zusteht. Im Übrigen verbleibt es bei dem Anspruch auf eine angemessene Entschädigung gemäß § 642 BGB.

Wir versichern Ihnen, dass wir von unserer Seite alles dazu beitragen werden, um die Fortführung der Arbeiten zu ermöglichen, sobald die hindernden Umstände – wie oben beschrieben – weggefallen sind. Bitte teilen Sie uns bis zum .... mit, welche Maßnahmen Sie in die Wege leiten werden, damit die hindernden Umstände entfallen, wie die anstehende Dispositionen für Material, Geräte und Personal und Nachunternehmer zur Schadensminderung abgestimmt werden können.

Bitte teilen Sie uns mit, wann wir mit der Wiederaufnahme der Arbeiten rechnen können.

Mit freundlichen Grüßen

Auftragnehmer

Anlage
Hinweise zu den Auswirkungen der Leistungsstörung
Fotodokumentation

Anzeige über den Wegfall der Behinderung gemäß § 6 Abs. 3 VOB/B

Vorbemerkung

Neben der Verpflichtung des Auftragnehmers, die Behinderung gemäß § 6 Abs. 1 VOB/B unverzüglich anzuzeigen, besteht als Nachfolgeverpflichtung die Aufgabe, alles zu tun, um die Weiterführung der Arbeiten zu ermöglichen.

Nach Wegfall der Behinderung ist der Auftragnehmer verpflichtet, die ihm beauftragten Arbeiten unverzüglich wieder aufzunehmen **und** den Auftraggeber darüber zu benachrichtigen. Nur wenn der Wegfall der Behinderung – auch bei teilweisem Wegfall – dem Auftraggeber angezeigt wird, können Ansprüche aus Bauablaufstörungen und Bauzeitverschiebungen nachgewiesen werden.

Vermerk für den internen Betriebsablauf:

- Zugangskontrolle der Anzeige über den Wegfall der hindernden Umstände
- Dokumentation der notwendigen organisatorischen Maßnahmen
- Dokumentation der Bauzeitverlängerungen, Geräte- und Personaleinsatz, Material, etc. BGK und AGK

Abs. Auftragnehmer

An Auftraggeber
Adresse

Ort, Datum

Gewerk: ....

Bauvorhaben: ....

in ....

Vereinbarung vom ....

Anzeige über den Wegfall der Behinderung gemäß § 6 Abs. 3 VOB/B

Sehr geehrte Damen und Herren,

hiermit teilen wir Ihnen mit, dass unsere am .... gemeldete Behinderung, wonach wir die Arbeiten ab dem .... eingestellt haben, nicht mehr besteht.

Da die hindernden Umstände gemäß Ihrer Erklärung vom .... beseitigt sind, zeigen wir an, dass wir am .... die übertragenen Arbeiten am Bauvorhaben wieder aufgenommen haben/aufnehmen werden.

Die Fristverlängerung für die Fertigstellung der noch zu erbringenden Leistungen berechnet sich nach der Dauer der Behinderung mit einem Zuschlag für die Wiederaufnahme der Arbeiten und die etwaige Verschiebung in eine ungünstigere Jahreszeit (§ 6 Abs. 4 VOB/B).

Kosten, die aus der Behinderung bzw. Leistungsstörung oder Beschleunigungsmaßnahmen resultieren, werden wir gesondert ermitteln und geltend machen.

Mit freundlichen Grüßen

Auftragnehmer

Vereinbarung der neuen Ausführungsfrist gemäß § 6 Abs. 4 VOB/B (Dauer der Fristverlängerung)

Vorbemerkung

Gemäß § 6 Abs. 4 VOB/B wird die Verlängerung der Ausführungsfristen nach der Dauer der Behinderung, also auf die entfallenen Arbeitstage, berechnet.

Rüstzeiten, die zur Wiederaufnahme der Arbeiten erforderlich sind, werden hinzugerechnet. Diese können beispielsweise auch die Fertigstellungszeit eines anderen Auftrages beinhalten, den der Auftragnehmer angenommen hat, um seiner Schadensminderungspflicht bei der Berechnung der Mehrkostenforderung Genüge zu tun.

Soweit die zu erbringenden Leistungen von Klimaeinflüssen abhängig sind, beispielsweise wenn eine bestimmte Umgebungs-/Untergrundtemperatur erforderlich ist und diese erst wieder in einer günstigeren Jahreszeit zu erwarten ist, ist ein weiterer Zuschlag zu berechnen.

Vermerk für den internen Betriebsablauf:

- Zugangskontrolle über Fristverlängerungsanzeige und Koordination mit Auftraggeber
- Dokumentation der notwendigen organisatorischen Maßnahmen
- Dokumentation der Bauzeitveränderungen, von Personaleinsatz und Lieferfristen für Material
- Zustimmungserklärung zu Fristverlängerungen

Abs. Auftragnehmer

An Auftraggeber
Adresse

Ort, Datum

Gewerk: ....

Bauvorhaben: ....

in ....

Vereinbarung der neuen Ausführungsfrist gemäß § 6 Abs. 4 VOB/B (Dauer der Fristverlängerung)

Sehr geehrte Damen und Herren,

die von Ihnen beauftragten Arbeiten konnten wir – trotz unserer Leistungsbereitschaft – innerhalb der vertraglich vereinbarten Fristen nicht ausführen, da wir in der Ausführung dieser Leistungen behindert waren. Dies hatten wir Ihnen mit bereits mit Schreiben vom ..... mitgeteilt.

Die Wiederaufnahme unserer Arbeiten erfolgt am ...... / ist am .... erfolgt.

Angesichts dieser Ihnen bekannten Umstände besteht für uns ein Anspruch auf Verlängerung der Ausführungsfristen. Diesen begründen wir wie folgt:

- Die Behinderung belief sich auf ...... Arbeitstage. Für die Wiederaufnahme unserer Arbeiten ist ein Zuschlag von ...... Arbeitstagen in Ansatz zu bringen. Begründung: ....
- Beispielhaft: Für die von uns zu erbringenden Leistungen sind Umgebungs-/Untergrundtemperaturen von mindestens ...... Grad erforderlich, die nach den durchschnittlichen Witterungstemperaturen erst wieder ab .... zu erwarten sind. Wegen der Verschiebung in die ungünstigere Jahreszeit vom .... ist ein weiterer Zuschlag von ..... Tagen/Wochen in Ansatz zu bringen.
- Folgende weitere Gegebenheiten sind zu berücksichtigen:

  ....

Wir bitten Sie um Ihre Erklärung bis zum ...., ob Sie mit diesen neuen Ausführungsfristen einverstanden sind. Die Verschiebung der Ausführungszeit

- kann kostenneutral erfolgen
- führt zu Mehrkosten, deren gesonderte Ermittlung und Abrechnung wir uns vorbehalten. Soweit wir bis zum .... ohne Rückäußerung von Ihrer Seite bleiben, werden wir die berechnete Frist für die Dauer unserer Auftragsaufführung zugrunde legen.

Mit freundlichen Grüßen

Auftragnehmer

Anzeige von Funden und Entdeckungen gemäß § 4 Abs. 9 VOB/B in Verbindung mit § 2 Abs. 6 VOB/B

Vorbemerkung

Es kommt immer wieder vor, dass bei Ausführung von Bauleistungen auf einem Grundstück Gegenstände von Altertums-, Kunst- oder wissenschaftlichem Wert entdeckt werden. In diesen Fällen verpflichtet die VOB/B in § 4 Abs. 9 VOB/B den Auftragnehmer, dem Auftraggeber diesen Fund unverzüglich anzuzeigen und ggf. die Gegenstände, wenn sie entnehmbar sind, unverzüglich dem Auftraggeber auszuhändigen.

§ 4 Abs. 9 VOB/B sieht in Fällen wie diesen auch eine etwaige Mehrvergütung vor. Diese regelt sich nach § 2 Abs. 6 VOB/B. Das Recht des Entdeckers ist in § 984 BGB geregelt. Es steht ausschließlich dem Auftraggeber zu.

Vermerk für den internen Betriebsablauf:

- Kontrolle des Zustellungsnachweises
- Dokumentation der Preisänderungen
- Dokumentation der notwendigen organisatorischen Maßnahmen
- Dokumentation der Bauzeitveränderungen, von Personaleinsatz und Lieferfristen für Material
- Zustimmungserklärung zu Vertragsänderungen

Abs. Auftragnehmer

An Auftraggeber
Adresse

Ort, Datum

Gewerk: ....

Bauvorhaben: ....

in ....

Anzeige von Funden und Entdeckungen gemäß § 4 Abs. 9 VOB/B in Verbindung mit § 2 Abs. 6 VOB/B

Sehr geehrte Damen und Herren,

im Rahmen der Bauarbeiten am Grundstück haben wir überraschend Gegenstände von Altertums-, Kunst- oder wissenschaftlichem Wert entdeckt. Wir haben daraufhin die Arbeiten sofort eingestellt und bitten Sie, die zuständigen Behörden von diesem Fund raschestmöglich zu unterrichten und den weiteren Bauablauf mit uns abzustimmen.

Wir rechnen mit einer Bauzeitverzögerung und weisen nur vorsorglich darauf hin, dass uns durch die etwa eintretende Verlängerung der Bauzeit Mehrkosten entstehen, die wir gesondert ermitteln und abrechnen werden. Wie Sie wissen, werden diese Vergütungsansprüche im Rahmen des § 2 Abs. 6 VOB/B geregelt.

Mit freundlichen Grüßen

Auftragnehmer

Anlagen
erwähnt

Abrechnung der Bauleistung wegen längerer Unterbrechung der Bauarbeiten gemäß § 6 Abs. 5 VOB/B

Vorbemerkung

Wird die Ausführung für voraussichtlich längere Dauer unterbrochen, ohne dass die Leistung dauernd unmöglich wird, so sind die ausgeführten Leistungen nach den Vertragspreisen abzurechnen und außerdem die Kosten zu vergüten, die dem Auftragnehmer bereits entstanden und in den Vertragspreisen des nicht ausgeführten Teils der Leistung enthalten sind.

Der Auftragnehmer sollte daher eine gemeinsame Zustandsfeststellung und ein Aufmaß seiner bisher erbrachten Leistungen veranlassen.

Wenn die bisher erbrachten Leistungen dargelegt sind, können diese abgerechnet werden. Die Abrechnung muss einen Vorbehalt enthalten, wonach Mehrkosten aus der Bauablaufänderung, nicht enthalten sind und gesondert ermittelt und geltend gemacht werden.

Vermerk für den internen Betriebsablauf:

- Terminkontrolle zur Durchführung des Aufmaßes und der Abnahme der erbrachten Leistungen
- Dokumentation der Preisbildung für die ausgeführten Leistungen und der Kosten, die in den Vertragspreisen des Teils der bisher nicht ausgeführten Leistungen enthalten sind
- Vorlage einer prüfbaren Rechnung

Abs. Auftragnehmer

An Auftraggeber
Adresse

Ort, Datum

Gewerk: ....

Bauvorhaben: ....

in ....

Vereinbarung vom ....

hier: **Abrechnung der Bauleistung wegen längerer Unterbrechung der Bauarbeiten gemäß § 6 Abs. 5 VOB/B**

Sehr geehrte Damen und Herren,

mit Schreiben vom .... haben wir Ihnen die Behinderung der Bauausführung angezeigt und die Einstellung unserer Arbeiten zum .... mitgeteilt. Die Unterbrechung der Bauarbeiten hat nun schon längere Zeit gedauert. Bisher ist nicht absehbar, wann wir mit der Fortsetzung der Arbeiten rechnen können, sodass wir die Abrechnung der von uns bisher erbrachten Leistungen durchführen möchten.

Die Abrechnung der von uns bisher erbrachten Leistungen werden wir nach Maßgabe des § 6 Abs. 5 VOB/B durchführen. Zur Vorbereitung unserer Abrechnung bitten wir gemäß § 8 Abs. 6 VOB/B, das Aufmaß für die bisher erbrachten Arbeiten gemeinsam vorzunehmen und schlagen Ihnen folgende Termine .... vor.

Optional: Wir schlagen vor, das Aufmaß aus den Plänen, die für die Ausführung der Arbeit zugrunde gelegt wurden, zu entnehmen. Außerdem bitten wir, die gemeinsame Zustandsfeststellung unserer bisher erbrachten Leistungen durchzuführen und Maßnahmen abzustimmen, die zum Schutz der bisher erbrachten Leistungen während der Unterbrechung zusätzlich von uns zu erbringen sind.

Selbstverständlich werden wir die Arbeiten wieder aufnehmen, sobald die hindernden Umstände weggefallen sind. Den geänderten Bauablauf werden wir mit Ihnen einvernehmlich abstimmen.

In Erwartung Ihrer Rückantwort verbleiben wir

mit freundlichen Grüßen

Auftragnehmer

Kündigung des Bauvertrages (bei Unterbrechung länger als 3 Monate) gemäß § 6 Abs. 7 VOB/B

Vorbemerkung

Dauert eine Unterbrechung des Bauvorhabens länger als 3 Monate, so kann sowohl der Auftraggeber als auch der Auftragnehmer nach Ablauf dieser Zeit den Vertrag schriftlich kündigen.

Die dann vorzunehmende Abrechnung regeln § 6 Abs. 5 und 6 VOB/B; wenn der Auftragnehmer die Unterbrechung nicht zu vertreten hat, sind auch die Kosten der Baustellenräumung zu vergüten, soweit sie nicht in der Vergütung für die bereits ausgeführten Leistungen enthalten sind. Nach § 6 Abs. 6 VOB/B steht dem Auftragnehmer zudem eine Entschädigung gemäß § 642 BGB zu, wenn ihm durch den Annahmeverzug des Auftraggebers ein Vermögensnachteil entstanden ist. Soweit der Auftragnehmer diesen darlegen kann, ist er weitgehend von der „bauablaufbezogenen Darstellung“ der Bauarbeiten zu Anspruchsbegründung, wie sie für die Begründung von Schadenersatzansprüchen erforderlich ist, entbunden.

Grundsätzlich umfasst der Anspruch gemäß § 642 BGB nur den konkreten Verzugszeitraum. Diese Beschränkung gilt bei der Kündigung nicht, da hier eine spätere Leistungswiederaufnahme nicht stattfindet.

Nach der Rechtsprechung gilt, dass Bemessungsgrundlage der Entschädigung nach § 642 BGB die dem Auftragnehmer entstandenen verzögerungsbedingten Mehrkosten sind. Diese Kosten sind um den Deckungsbeitrag für die AGK und einen Gewinnanteil zu erhöhen, soweit solche Zuschläge in der vereinbarten Vergütung enthalten waren.

Die für die Ermittlung der Entschädigung maßgeblichen Preisbestandteile sind gemäß § 642 Abs. 2 BGB anhand der vereinbarten Vergütung zu ermitteln. Ausgangspunkt kann eine vom Unternehmer vorgelegte Kalkulation sein. Soweit diese nicht den tatsächlichen Verhältnissen entspricht – insbesondere weil sie in der Vergütung enthaltene Deckungsbeiträge und Gewinnanteile ausweist, die in Anbetracht des tatsächlichen Aufwands der Vertragsdurchführung nicht realistisch sind – ist sie im Streitfall entsprechend zu korrigieren.

Vermerk für den internen Betriebsablauf:
- Zugangskontrolle der Kündigung
- Terminkontrolle zur Durchführung des Aufmaßes und der Abnahme der erbrachten Leistungen
- Dokumentation der Preisbildung für verzögerungsbedingte Mehrkosten, die in den Vertragspreisen der nicht ausgeführten Leistungen enthalten sind
- Erstellung der Schlussrechnung

Abs. Auftragnehmer

An Auftraggeber
Adresse

Ort, Datum

Gewerk: ....

Bauvorhaben: ....

in ....

Vereinbarung vom ....

hier: **Kündigung des Bauvertrages (bei Unterbrechung länger als 3 Monate) gemäß § 6 Abs. 7 VOB/B**

Sehr geehrte Damen und Herren,

mit Schreiben vom .... haben wir Ihnen die Behinderung der Bauausführung angezeigt und die Einstellung unserer Arbeiten zum .... mitgeteilt. Die Unterbrechung der Bauarbeiten hat nun länger als drei Monate gedauert. Bisher hat sich an der Situation nichts geändert, sodass wir von unserem Kündigungsrecht gemäß § 6 Abs. 7 VOB/B Gebrauch machen und den mit Ihnen abgeschlossenen Bauvertrag vom .... hiermit

kündigen.

Die Abrechnung der von uns bisher erbrachten Leistungen regelt sich nach § 6 Abs. 5 und Abs. 6 VOB/B. Zur Vorbereitung unserer Schlussrechnung bitten wir gemäß § 8 Abs. 6 VOB/B, das Aufmaß für die bisher erbrachten Arbeiten gemeinsam vorzunehmen und schlagen Ihnen folgende Termine .... vor. Zugleich bitten wir, die gemeinsame Abnahme unserer bisher erbrachten Leistungen durchzuführen.

Optional: Wir schlagen vor, das Aufmaß aus den Plänen, die für die Ausführung der Arbeit zugrunde gelegt wurden, zu entnehmen. Wir bitten um Rückäußerung, ob dieser Termin für Sie machbar ist. Sollten wir ohne Antwort verbleiben, werden wir das Aufmaß durchführen und Ihnen vorlegen mit der Bitte um Prüfung und Bestätigung.

Wir werden unseren Entschädigungsanspruch gemäß § 642 BGB

- nach Maßgabe der vereinbarten Vergütung
- (optional: für den Fall, dass die Kalkulation, die tatsächlich entstandenen Kosten nicht abbildet) auf Basis der tatsächlich entstandenen Kosten

ermitteln. In Erwartung Ihrer Rückantwort verbleiben wir

mit freundlichen Grüßen

Auftragnehmer

Mahnung und Kündigungsandrohung wegen Verletzung der Mitwirkungspflichten oder Zahlungsverzug gemäß § 9 Abs. 1 Nr. 1 VOB/B in Verbindung mit § 9 Abs. 2 VOB/B

Vorbemerkung

Nur sehr eingeschränkt räumt die VOB/B dem Auftragnehmer die Möglichkeit ein, einen abgeschlossenen Auftrag mit dem Auftraggeber zu kündigen. Der häufigste Kündigungsgrund ist, dass der Auftraggeber fällige Zahlungen nicht leistet oder anderweitig in Schuldnerverzug gerät. Hierzu zählt auch die Stellung von Sicherheiten gemäß § 650 f BGB. Ein Kündigungsgrund besteht möglicherweise aber auch dann, wenn der Auftraggeber seine Mitwirkungspflichten verletzt (z. B. Pläne oder öffentlich-rechtliche Genehmigungen und Erlaubnisse nicht rechtzeitig vorlegt, die Ordnung auf der Baustelle und das Zusammenwirken der verschiedenen Unternehmer nicht reguliert) und der Auftragnehmer an der Ausführung der ihm beauftragten Leistung gehindert ist (Annahmeverzug §§ 293 ff. BGB).

Die Kündigung durch den Auftragnehmer ist gemäß § 9 Abs. 2 VOB/B nur zulässig, wenn er dem Auftraggeber zuvor ohne Erfolg eine angemessene Frist gesetzt und gleichzeitig erklärt hat, dass er nach fruchtlosem Fristablauf den Vertrag kündigen werde.

Vermerk für den internen Betriebsablauf:

- Zugangskontrolle der Abmahnung nebst Kündigungsandrohung
- Terminüberwachung der Nachfrist
- Kündigung des Bauvertrages

Abs. Auftragnehmer

An Auftraggeber
Adresse

Ort, Datum

Gewerk: ....

Bauvorhaben: ....

in ....

Vereinbarung vom ....

Mahnung und Kündigungsandrohung wegen

– Verletzung der Mitwirkungspflichten

alternativ:

– Zahlungsverzug gemäß § 9 Abs. 1 Nr. 1 VOB/B in Verbindung mit § 9 Abs. 2 VOB/B

Sehr geehrte Damen und Herren,

– mit Schreiben vom .... haben wir Behinderungen unserer vertraglichen Leistungen gemäß § 6 Abs. 1 S. 1 VOB/B angezeigt und Sie darauf hingewiesen, dass wir bei obigem Bauvorhaben außerstande sind, unsere Arbeiten auszuführen, weil sie folgende Ihnen obliegende Handlung unterlassen haben:

  ....

  ....

  Sie befinden sich deshalb seit dem .... in Annahmeverzug gemäß §§ 293 ff. BGB.

alternativ:

– unsere Abschlagsrechnung Nr. .... vom .... zu obigem Bauvorhaben wurde nicht bezahlt. Unsere Ansprüche auf Abschlagszahlungen werden binnen 21 Tagen nach Zugang der Aufstellung gemäß § 16 Abs. 1 Nr. 3 VOB/B zur Zahlung fällig. Wir fordern Sie auf, die ausstehende Zahlung umgehend zu veranlassen.

Zur Nacherbringung Ihrer Leistung setzen wir Ihnen eine angemessene Nachfrist bis ....

Wir weisen Sie darauf hin, dass wir nach fruchtlosem Ablauf der gesetzten Fristen den mit Ihnen abgeschlossenen Bauvertrag kündigen werden.

Mit freundlichen Grüßen

Auftragnehmer

Kündigung durch den Auftragnehmer wegen Verletzung der Mitwirkungspflichten des Auftraggebers gemäß § 9 Abs. 1 Satz 2 VOB/B (Annahmeverzug)

Vorbemerkung

Nur sehr eingeschränkt räumt die VOB/B dem Auftragnehmer die Möglichkeit ein, einen abgeschlossenen Auftrag mit dem Auftraggeber zu kündigen. Der häufigste Kündigungsgrund ist, dass der Auftraggeber fällige Zahlungen nicht leistet oder anderweitig in Schuldnerverzug gerät. Hierzu zählt auch die Stellung von Sicherheiten gemäß § 650 f BGB. Ein Kündigungsgrund besteht möglicherweise aber auch dann, wenn der Auftraggeber seine Mitwirkungspflichten verletzt (z. B. Pläne oder öffentlich-rechtliche Genehmigungen und Erlaubnisse nicht vorlegt, die Ordnung auf der Baustelle und das Zusammenwirken der verschiedenen Unternehmer nicht reguliert) und der Auftragnehmer an der Ausführung der ihm beauftragten Leistung gehindert ist (Annahmeverzug §§ 293 ff. BGB).

Die Kündigung durch den Auftragnehmer ist gemäß § 9 Abs. 2 VOB/B nur zulässig, wenn er dem Auftraggeber zuvor ohne Erfolg eine angemessene Frist gesetzt und gleichzeitig erklärt hat, dass er nach fruchtlosem Fristablauf den Vertrag kündigen werde.

Die bisher durch den Auftragnehmer erbrachten Leistungen sind nach den Vertragspreisen abzurechnen. Dem Auftragnehmer steht zusätzlich ein Entschädigungsanspruch gemäß § 642 BGB zu. Er kann also die vereinbarte Vergütung abzüglich ersparter Aufwendungen und dem, was er durch anderweitige Verwendung seiner Arbeitskraft erwerben kann, verlangen.

Vermerk für den internen Betriebsablauf:

- Zugangskontrolle Behinderungsanzeige und Kündigungsandrohung
- Zugangskontrolle des Kündigungsschreibens
- Dokumentation des Aufmaßes und der Preisbildung
- Durchführung der Abnahme
- Erstellung der Schlussrechnung
- Kontrolle des Zahlungseingangs

Abs. Auftragnehmer

An Auftraggeber
Adresse

Ort, Datum

Gewerk: ....

Bauvorhaben: ....

in ....

Vereinbarung vom ....

Kündigung durch den Auftragnehmer wegen Verletzung der Mitwirkungspflichten des Auftraggebers gemäß § 9 Abs. 1 Satz 2 VOB/B (Annahmeverzug)

alternativ:

Zahlungsverzug des Auftraggebers gemäß § 9 Abs. 1 Satz 2 VOB/B

Sehr geehrte Damen und Herren,

– mit Schreiben vom .... haben wir Sie darauf hingewiesen, dass Sie bei obigem Bauvorhaben Ihre Mitwirkungspflichten verletzt und unser Unternehmen damit außerstande gesetzt haben, die uns beauftragten Leistungen auszuführen: Sie befinden sich deshalb seit dem .... in Annahmeverzug gemäß §§ 293 ff. BGB.

alternativ:

– Wir haben Ihnen mit Datum vom .... unsere Abschlagsrechnung zu obigem Bauvorhaben übersandt. Gemäß § 16 Abs. 1 Nr. 3 VOB/B werden Ansprüche auf Abschlagszahlungen binnen 21 Tagen nach Zugang der Aufstellung fällig.

Die von uns gesetzte Nachfrist zur Erbringung der erforderlichen Mitwirkungshandlungen (alternativ: zur Zahlung zum ....) haben Sie nicht beachtet.

Gemäß § 9 Abs. 1 Nr. 1 bzw. Nr. 2 VOB/B

kündigen

wir den mit Ihnen abgeschlossenen Bauvertrag. Die Abrechnung unserer Leistungen werden wir gemäß § 9 Abs. 3 VOB/B vornehmen. Unsere Ansprüche auf Zahlung einer angemessenen Entschädigung gemäß § 642 BGB behalten wir uns vor.

Mit freundlichen Grüßen

Auftragnehmer

Anlagen
wie erwähnt

Aufmaß und Abnahmeverlangen zur Abgrenzung der Leistungen nach erfolgter Kündigung gemäß § 8 Abs. 7 VOB/B

Vorbemerkung

Die Vorschrift des § 8 Abs. 7 VOB/B gilt sowohl für die Kündigung durch den Auftraggeber als auch durch den Auftragnehmer. Strittig ist nach wie vor, ob der Begriff „Abnahme" im § 8 Abs. 7 VOB/B gleichzusetzen ist mit den Regelungen in § 12 VOB/B, in dem die unterschiedlichsten Möglichkeiten einer Abnahme geregelt werden.

Wenn die VOB/B im Text des § 8 Abs. 7 VOB/B dem Auftragnehmer das Recht einräumt, Aufmaß und Abnahme der von ihm ausgeführten Leistungen zu verlangen, so ist dies in jedem Falle als eine gemeinsam vorzunehmende Zustandsfeststellung der bis zum Zeitpunkt der Kündigung erbrachten Leistungen zu betrachten. Diese Zustandsfeststellungen sind dann auch die Basis für die vom Auftragnehmer zu erstellende Schlussrechnung.

Verweigert der Auftraggeber die Mitwirkung an einer derartigen Zustandsfeststellung, empfiehlt es sich für den Auftragnehmer durch Zuziehung eines öffentlich bestellten und vereidigten Sachverständigen die Zustandsfeststellung bis zum Zeitpunkt der Kündigung in einem Gutachten festzustellen und diese zur Grundlage der Werklohnforderungen gegenüber dem Auftraggeber zu machen.

Nach § 8 Abs. 7 VOB/B obliegt dem Auftragnehmer die **unverzügliche** Vorlage einer prüfbaren Rechnung über die ausgeführten Leistungen. Die Abrechnung der bisher erbrachten Leistungen regelt sich nach § 14 Abs. 1 VOB/B.

Vermerk für den internen Betriebsablauf:
- Zugangskontrolle der Kündigung
- Terminkontrolle zur Durchführung des Aufmaßes, Zustandsfeststellung resp. Abnahme der erbrachten Leistungen
- Vorlage einer prüfbaren Abrechnung

Abs. Auftragnehmer

An Auftraggeber
Adresse

Ort, Datum

Gewerk: ....

Bauvorhaben: ....

in ....

Vereinbarung vom ....

Aufmaß und Abnahmeverlangen zur Abgrenzung der Leistungen nach erfolgter Kündigung gemäß § 8 Abs. 7 VOB/B

Sehr geehrte Damen und Herren,

der o. g. Bauvertrag vom .... wurde mit Wirkung zum .... gekündigt.

Zur Vorbereitung unserer Abrechnung der von uns ausgeführten Leistungen bitten wir, das Aufmaß und Abnahme für die bisher erbrachten Arbeiten gemäß § 8 Abs. 7 VOB/B gemeinsam vorzunehmen und schlagen als Termin den .... vor.

Wir bitten um Rückäußerung, ob dieser Termin für Sie machbar ist. Sollten wir ohne Antwort verbleiben, werden wir das Aufmaß auch in Ihrer Abwesenheit durchführen.

Wir werden sodann unverzüglich eine prüfbare Rechnung der von uns bis zum Zeitpunkt der Kündigung erbrachten Leistungen vorlegen.

In Erwartung Ihrer Rückantwort verbleiben wir

mit freundlichen Grüßen

Auftragnehmer

Verlangen auf gemeinsame Abrechnungsfeststellungen während der Bauzeit gemäß § 14 Abs. 2 VOB/B

Vorbemerkung

Im Zusammenhang mit § 4 Abs. 10 VOB/B empfiehlt es sich, gleichzeitig mit der Zustandsfeststellung auch die notwendigen Feststellungen für die Abrechnung der erbrachten Leistungen vorzunehmen. Hier schreibt die VOB/B dem Auftragnehmer vor, dass er selbst die für die Abrechnung notwendigen Feststellungen zu beantragen hat, wenn seine Leistungen bei Weiterführung der Arbeiten nur noch schwer feststellbar sind.

Aufgrund der Tatsache, dass die VOB/B dem Auftragnehmer die rechtzeitige Beantragung dieser gemeinsamen Feststellungen zwingend vorgibt, ergibt sich im Rückschluss eine sogenannte Umkehr der Beweislast, die sich der Auftraggeber zurechnen lassen muss, wenn er sich dieser Verpflichtung aus § 14 Abs. 2 VOB/B widersetzt.

Sollte sich der Auftraggeber nach angemessener Frist (üblicherweise 14 Tage) nicht bereitfinden, die in § 14 Abs. 2 VOB/B geforderten gemeinsamen Feststellungen vorzunehmen, empfiehlt es sich, einen öffentlich bestellten und vereidigten Sachverständigen hinzuzuziehen, der in einem Gutachten die erbrachten Leistungen erfasst.

Vermerk für den internen Betriebsablauf:

- rechtzeitige Aufforderung zur gemeinsamen Zustands- bzw. Abrechnungsfeststellung
- Zustellungsnachweis überwachen und gemeinsamen Termin koordinieren
- angemessene Fristenkontrolle
- einseitige Zustandsfeststellung unter Beiziehung eines Sachverständigen organisieren

Abs. Auftragnehmer

An Auftraggeber
Adresse

Ort, Datum

Gewerk: ....

Bauvorhaben: ....

in ....

Vereinbarung vom ....

Verlangen auf gemeinsame Abrechnungsfeststellungen während der Bauzeit gemäß § 14 Abs. 2 VOB/B

Sehr geehrte Damen und Herren,

wir werden die uns beauftragten Teilleistungen bis zum .... ausgeführt haben.

Im Zuge des Fortgangs der Arbeiten werden die von uns erbrachten Leistungen im Nachhinein nur noch schwer feststellbar sein, sodass wir gemäß § 14 Abs. 2 VOB/B beantragen, die für die Abrechnung notwendigen Feststellungen gemeinsam vor Ort vorzunehmen.

Als Termin für die Durchführung der gemeinsamen Feststellungen schlagen wir den .... vor.

Optional: Nur vorsorglich weisen wir Sie darauf hin, dass eine etwaige Verweigerung der Durchführung der geforderten Feststellungen durch Sie nach ständiger Rechtsprechung zu einer Umkehr der Beweislast im Hinblick auf den Ausführungsstand für o. g. Leistung führen wird.

Wir bitten um Bestätigung des Termins für die gemeinsamen Feststellungen bis zum ....

Mit freundlichen Grüßen

Auftragnehmer

Unterbrechung und Zwischenabrechnung der Bauleistungen gemäß § 6 Abs. 5 VOB/B in Verbindung mit § 14 VOB/B

Vorbemerkung

Abweichend von § 6 Abs. 4 VOB/B wird im Fall einer längeren Unterbrechung der Bauarbeiten, ohne dass die Leistung dauernd unmöglich wird, eine Zwischenabrechnung der bis zum Zeitpunkt der Unterbrechung geleisteten Arbeiten aufgestellt (§ 6 Abs. 5 VOB/B).

Dabei darf der Auftragnehmer die ihm bereits entstandenen Kosten auch aus noch nicht ausgeführten Leistungen mitabrechnen. Solche Kosten betreffen insbesondere die Baustelleneinrichtung, die Anlieferung von Materialien und die Vorhaltung von Geräten und Maschinen. Der Auftragnehmer muss eine prüffähige Abrechnung im Sinne des § 14 VOB/B nach den vereinbarten Vertragspreisen erstellen.

Vermerk für den internen Betriebsablauf:
- Zugangskontrolle der Zwischenabrechnung
- Dokumentation der Preisbildung
- Kontrolle des Zahlungseingangs

Abs. Auftragnehmer

An Auftraggeber
Adresse

Ort, Datum

Gewerk: ....

Bauvorhaben: ....

in ....

Vereinbarung vom ....

Unterbrechung und Zwischenabrechnung der Bauleistungen gemäß § 6 Abs. 5 VOB/B in Verbindung mit § 14 VOB/B

Sehr geehrte Damen und Herren,

nach Ihren Angaben wird die weitere Ausführung der uns übertragenen Arbeiten voraussichtlich auf längere Dauer unterbrochen. Sie haben erklärt, dass die von uns zu erbringenden Leistungen nicht dauerhaft unmöglich sein werden.

Wir überreichen Ihnen daher unsere Zwischenabrechnung über die vereinbarten Vertragspreise. Die uns entstandenen Kosten, die in den Vertragspreisen für die zum Teil noch nicht ausgeführten Leistungen enthalten sind, haben wir bedingungsgemäß ebenfalls abgerechnet.

In der Anlage zu diesem Schreiben übersenden wir Ihnen die entsprechende Zwischenabrechnung mit der Bitte um Prüfung und Zahlung innerhalb von 21 Tagen ab Zugang der Aufstellung.

Mit freundlichen Grüßen

Auftragnehmer

Anlagen
erwähnt

Anforderung von Abschlagszahlungen während des Bauablaufes gemäß § 16 Abs. 1 VOB/B

Vorbemerkung

Die VOB schreibt für Abschlagsrechnungen keine besondere Form vor, sodass von den Unternehmen fallweise auch unterschiedliche Verfahren angewandt werden. Abhängig von der Frage, ob es sich um einen Einheitspreis- oder um einen Pauschalvertrag handelt, wird entschieden, ob jede Abschlagsrechnung wertmäßig einzeln erstellt wird oder vorangegangene Abschlagsrechnungen fortgeschrieben werden.

Es gilt:

- Die Teilleistung muss vertragsgemäß erbracht sein und für den Besteller einen Wertzuwachs darstellen.
- Leistungen, für die eine Abschlagsrechnung gestellt wird, müssen entsprechend der Vorschriften des § 14 Abs. 1 übersichtlich aufgestellt und nachgewiesen werden.
- Die für die Abrechnung notwendigen Feststellungen sind dem Fortgang der Leistung entsprechend möglichst vom Auftragnehmer und vom Auftraggeber bzw. seinem Bevollmächtigten gemeinsam vorzunehmen. Gemäß § 14 Abs. 2 VOB/B hat der Auftragnehmer rechtzeitig eine gemeinsame Feststellung für Leistungen zu beantragen, die bei der Weiterführung der Arbeiten nur schwer feststellbar sind.
- Wurde eine Abrechnung auf Einheitspreisbasis vereinbart, sind gemäß § 14 Abs. 1 VOB/B die Positionsbezeichnungen aus dem Vertrags-LV zu übernehmen und Änderungen besonders kenntlich zu machen und auf Verlangen getrennt abzurechnen.
- § 16 Abs. 1 VOB/B räumt dem Auftragnehmer einen Anspruch auf Abschlagszahlungen ein, ohne dass es hierzu einer gesonderten Vereinbarung bedarf. Abschlagszahlungen bezwecken, dem vorleistungspflichtigen Unternehmer rasch Liquidität zu verschaffen.
- Der Auftraggeber erkennt mit der Abschlagzahlung nicht den zugrunde liegenden Vergütungsanspruch an. Dies geschieht erst mit Zahlung auf die Schlussrechnung. Aus Abschlagsrechnungen kann der Auftragnehmer keine Zahlung mehr verlangen, wenn er Schlussrechnung gelegt hat oder wenn die Fristen gemäß § 14 Abs. 3 VOB/B abgelaufen sind und damit Schlussrechnungsreife eingetreten ist.
- Wann der Auftragnehmer Abschlagsrechnungen stellt, bleibt seinem Ermessen überlassen. Dies kann nach einem Zahlungsplan wöchentlich, monatlich oder mit dem Erreichen bestimmter Leistungsstände festgelegt werden – immer vorausgesetzt, dass diese dem Wert der jeweils nachgewiesenen vertragsgemäßen Leistung entsprechen.
- Abschlagszahlungen sind ohne Einfluss auf die Haftung des Auftragnehmers. Sie gelten nicht als Abnahme von Teilleistungen.
- Zahlungen auf Nachtragsforderungen gelten nicht als Anerkenntnis.
- Nicht vereinbarte Skonti sind unzulässig.

Vorschlag zum Abrechnungsprozedere:

Wenn der Auftragnehmer einen bestimmten Leistungsstand erreicht hat und schon eine oder zwei Abschlagsrechnungen gestellt hat, die noch nicht bezahlt sind, kann er wie folgt mit den weiteren Abschlagszahlungen vorgehen:

Abschlagsrechnung

Leistungssumme aller bisher abzurechnenden Positionen	€ 300.000,00
abzgl. Forderung aus 1. Abschlagsrechnung vom ...,	
abzüglich unter dem Vorbehalt der Zahlung – fällig am ...	– € 100.000,00
abzgl. Forderung aus 2. Abschlagsrechnung vom ...,	
abzüglich unter dem Vorbehalt der Zahlung – fällig am ...	– € 100.000,00
Rechnungssumme	€ 100.000,00
3. Abschlagszahlung zahlbar bis	

Gemäß § 16 Abs. 1 Nr. 3 VOB/B sind Ansprüche auf Abschlagszahlung binnen 21 Tagen fällig. Werden fällige Abschlagsforderungen vom Auftraggeber nicht ausgeglichen, ist grundsätzlich eine Nachfrist zum Ausgleich der geschuldeten Zahlungen zu setzen.

Werden Abschlagsrechnungen gestellt und ist der Auftraggeber mit der Bezahlung in Verzug, kann der Auftragnehmer einen bereits entstandenen Schaden – insbesondere Verzugszinsen – für den Zeitraum, in dem der Verzug besteht resp. bestand, geltend machen. Dies geschieht unabhängig davon, ob eine neue Abschlagsrechnung für kumulierte Leistungssummen gestellt wird. Wichtig ist der explizite Nachweis fälliger Abschlagszahlungen in den kumulierten Abschlagsrechnungen und deren Nachverfolgung.

Zu Unrecht argumentieren gelegentlich Auftraggeber, dass die fachtechnische und rechnerische Freigabe noch nicht erfolgt sei. Wenn die Rechnung prüfbar ist, ist die Freigabeerklärung des Planers für die Fälligkeit der Zahlung ohne Belang.

Die VOB/B hat ein Zahlungsziel von 21 Tagen ab Zugang der Rechnungsaufstellung vorgesehen, sodass der Auftraggeber bzw. seine Bevollmächtigten die notwendigen fachlichen und technischen Prüfungen innerhalb der Zahlfristen gemäß § 16 Abs. 1 Nr. 3 VOB/B durchführen können und müssen. Abweichende vertragliche Regelungen gefährden den Bestand der VOB/B als Ganzes.

Im Rahmen der Nachfristsetzung muss der Auftragnehmer den Auftraggeber darauf hinweisen, dass er im Falle des fruchtlosen Fristablaufes seine Arbeiten einstellen und Verzugsschaden geltend machen wird. Dieser Schaden umfasst sämtliche Ansprüche aus § 6 Abs. 6 VOB/B in Verbindung mit § 642 BGB.

Buchhaltung:

In der Buchhaltung sollte neben der Rechnungslegung eine gesonderte Erlös-Erfassung der tatsächlich geleisteten Abschlagszahlungen erfolgen. Hier werden vereinbarte Abzüge, Skonti und Sicherungseinbehalte vermerkt.

Wenn der Auftragnehmer seine Leistungen fertiggestellt hat, müssen diese endgültig abgerechnet werden. Beim VOB/B-Vertrag endet der Verzug mit der Zahlung einer Abschlagsrechnung, sobald dem Auftraggeber die Schlussrechnung zugegangen ist. Denn ab diesem Zeitpunkt kann der Auftragnehmer aus der Abschlagsrechnung nicht mehr vorgehen. Bereits eingetretene Verzugsschäden können aber weiterhin geltend gemacht werden.

Beispiel:

Am 01.03.2015 wurde eine Abschlagsrechnung gestellt, die nicht ausgeglichen wurde. Am 01.04.2015 wurde die Zahlung unter Fristsetzung zum 10.04.2015 angemahnt. Die Zahlung erfolgt nicht. Nach Abnahme wurde am 15.06.2015 die Schlussrechnung gestellt, die am darauffolgenden Tag zuging. Auf die Abschlagsforderung können Zinsen für den Zeitraum ab 11.04.2015 bis Zugang der Schlussrechnung (16.06.2015) geltend gemacht werden.

Die Schlussrechnung wird fällig, wenn sie geprüft wurde oder die Prüffrist gemäß § 16 Abs. 3 Nr. 1 VOB/B abgelaufen ist. Innerhalb dieses Zeitraums entsteht für den Unternehmer eine „Zinslücke“, die hingenommen werden muss. Daher sollten die Abschlagszahlungen so ausgelotet werden, dass ein möglichst geringer Schlussrechnungsbetrag verbleibt. Diese Zinslücke kann noch größer werden, wenn der Auftraggeber die Prüffähigkeit der Rechnung innerhalb der Zweitmonatsfrist substantiiert rügt.

Vermerk für den internen Betriebsablauf:
- Kontrolle des Zugangs der Abschlagsrechnung
- Terminkontrolle Zahlungseingang

Abs. Auftragnehmer

An Auftraggeber
Adresse

Ort, Datum

Gewerk: ....

Bauvorhaben: ....

in ....

Anforderung von Abschlagszahlungen während des Bauablaufes gemäß § 16 Abs. 1 VOB/B

Sehr geehrte Damen und Herren,

mit Vertrag vom .... sind wir mit der Durchführung von Leistungen beauftragt worden. Wir haben folgende Leistungen erbracht und folgende Baustoffe geliefert:

Pos. .... des LV ....

Pos. .... des LV ....

Pos. .... des LV ....

Wegen des Umfangs unserer Leistungen verweisen wir auf die in der Anlage beigefügte Mengenermittlung/Massenaufstellung:

– Der Wert dieser Leistung beläuft sich unter Zugrundelegung der vertraglichen Preise auf € ...., zuzüglich ...... % Mehrwertsteuer auf € .... Unter Bezugnahme auf § 16 Abs. 1 VOB/B bitten wir um Abschlagszahlung in der Höhe von € .... Die Zahlung ist innerhalb von 21 Tagen nach Zugang dieser Aufstellung zu leisten.

– Nach dem Bauvertrag ...., Ziffer .... steht uns bei der Fertigstellung der Leistungen bis .... eine Abschlagszahlung in Höhe von € .... zu. Diese Leistung ist vertragsgemäß erbracht. Wir erwarten den Zahlungseingang auf unserem Konto: .... (IBAN ....) bei der .... bis zum ....

Mit freundlichen Grüßen

Auftragnehmer

Mahnung mit Fristsetzung wegen ausstehender Abschlagszahlung gemäß § 16 Abs. 5 Nr. 3 VOB/B

Vorbemerkung

Der Auftragnehmer hat gemäß § 16 Abs. 1 VOB/B einen Anspruch auf Abschlagszahlungen. Diese hat der Auftraggeber aufs Äußerste zu beschleunigen gemäß § 16 Abs. 5 Nr. 1 VOB/B. Zahlt der Auftraggeber bei Fälligkeit nicht, so kann ihm der Auftragnehmer gemäß § 16 Abs. 5 Nr. 3 VOB/B eine angemessene Nachfrist zur Zahlung setzen.

Zahlt der Auftraggeber auch innerhalb der Nachfrist nicht, hat der Auftragnehmer vom Ende der Nachfrist an Anspruch auf Zinsen in Höhe von 9 % über Basiszinssatz (§ 288 Abs. 2 BGB). Darüber hinaus eröffnet die VOB/B dem Auftragnehmer die Möglichkeit, einen höheren Verzugsschaden als die gesetzlich festgesetzten Zinsen geltend zu machen, wenn er einen entsprechenden Nachweis hierzu führen kann.

Im Übrigen regelt die VOB/B die Fälligkeit der Zahlung dergestalt, dass spätestens 30 Tage nach Zugang der Abschlagsrechnung Zahlungsverzug eintritt – immer unter der Voraussetzung, dass der Auftragnehmer seine vertraglichen Verpflichtungen erfüllt hat, ohne dass es hierzu einer nochmaligen Nachfrist bedarf.

Häufig findet sich aber eine andere Zahlungsfrist für Abschlagszahlungen in den zusätzlichen Vertragsbedingungen zum Bauvertrag, wenn diese in der Rangfolge der VOB/B vorgehen.

Im Falle des Zahlungsverzuges steht dem Auftragnehmer darüber hinaus ein Leistungsverweigerungsrecht zu. Der Auftragnehmer sollte den Auftraggeber daher schon mit der Fristsetzung darauf hinweisen, dass gemäß § 16 Abs. 5 Nr. 4 VOB/B die Arbeiten bei Zahlungsverzug bis zur Zahlung eingestellt werden, falls die gesetzte Nachfrist erfolglos verstreicht.

Vermerk für den internen Betriebsablauf:

- Zugangskontrolle der Mahnung nebst Hinweis auf Leistungsverweigerungsrecht
- Terminüberwachung der Nachfristsetzung
- Behinderungsanzeige und Einstellung der Arbeiten
- Kündigung des Bauvertrages prüfen

Abs. Auftragnehmer

An Auftraggeber
Adresse

Ort, Datum

Gewerk: ....

Bauvorhaben: ....

in ....

Vereinbarung vom ....

Mahnung mit Fristsetzung wegen ausstehender Abschlagszahlung gemäß § 16 Abs. 5 Nr. 3 VOB/B

Sehr geehrte Damen und Herren,

wir haben Ihnen unsere Abschlagsrechnung am .... übersandt. Nach Zugang der Abschlagsrechnung wird die Forderung binnen 21 Tagen zur Zahlung fällig. Leider konnten wir bislang keinen Zahlungseingang auf unsere Abschlagsrechnung feststellen.

Wir setzen Ihnen hiermit gemäß § 16 Abs. 5 VOB/B eine Nachfrist zur Leistung der fälligen Zahlungen. Unabhängig von dieser Frist weisen wir darauf hin, dass Sie spätestens 30 Tage nach Zugang unserer Rechnung in Zahlungsverzug geraten, mit der Folge, dass wir unseren Anspruch auf Zinsen in Höhe von 9 % über Basiszinssatz gemäß § 288 Abs. 2 BGB Ihnen gegenüber geltend machen werden.

Wir weisen ausdrücklich darauf hin, dass wir gemäß § 16 Abs. 5 Nr. 4 VOB/B die Arbeiten bei Zahlungsverzug bis zur Zahlung einstellen werden, falls Sie die von uns gesetzte Nachfrist fruchtlos verstreichen lassen sollten.

Mit freundlichen Grüßen

Auftragnehmer

Behinderung – Entschädigung für behinderungsbedingte Mehraufwendungen gemäß § 6 Abs. 6 VOB/B in Verbindung mit § 642 BGB

Vorbemerkung

Aufgrund der Häufung der Störungen im Bauablauf und der Bauzeitverlängerungen können auch mittlere und kleinere Unternehmer nicht mehr auf professionelles Claim-Management verzichten.

Damit Mehrkostenforderungen aus Bauablaufstörungen durch den Auftragnehmer nachgewiesen und richtig berechnet werden können, ist eine rechtssichere Dokumentation der konkret zu beschreibenden Leistungsstörung und ihrer bauwirtschaftlichen Folgen bezogen auf die jeweilige vertraglich vereinbarte Leistungsposition vorzunehmen. Für den Auftraggeber muss erkennbar sein, wer für die finanziellen, organisatorischen und terminlichen Konsequenzen der Behinderung verantwortlich ist, damit die Kosten dem eigentlichen Verursacher in Rechnung gestellt werden können. Neben dem „Soll-Bauablaufplan" muss auch ein fortgeschriebener Bauzeitenplan vorgelegt werden, aus dem sich die veränderte Bauzeit, die Verdünnung oder Verdichtung des Personaleinsatzes erkennen lassen.

Die Geltendmachung von Vergütungsänderungen aus Nachträgen und Mehrkostenforderungen aus Bauablaufstörungen erfordert fundiertes bauwirtschaftliches Know-how. Wenn die Dokumentation der eigenen Leistungsbereitschaft und der Verzögerungsursachen gelingt und die richtigen Berechnungsmethoden angewandt werden, die den hohen Anforderungen nach Grund und Höhe des Schadens gemäß den Vorschriften des § 6 Abs. 6 VOB/B entsprechen, kann der Auftragnehmer seine Forderungen erfolgreich durchsetzen.

Neben dem Anspruch auf Schadenersatz hat der Auftragnehmer auch Anspruch auf angemessene Entschädigung gemäß § 642 BGB. Dieser Anspruch des Auftragnehmers auf angemessene Entschädigung besteht nur, solange die hindernden Umstände, die der Auftraggeber zu vertreten hat, andauern.

Nach der neuesten Rechtsprechung des Bundesgerichtshofs können über § 642 BGB nur mehr Entschädigungsansprüche, die in den Zeitraum der Behinderung fallen, geltend gemacht werden. Mehrkosten des Auftragnehmers die erst nach Wegfall der Behinderung – aber gerade wegen der Behinderung – entstanden sind, werden von § 642 BGB nicht erfasst.

Vermerk für den internen Betriebsablauf:

- Zugangskontrolle der Zahlungsaufforderung
- Dokumentation und prüfbare Abrechnung
- Zahlungskontrolle

Abs. Auftragnehmer

An Auftraggeber
Adresse

Ort, Datum

Gewerk: ....

Bauvorhaben: ....

in ....

Behinderung – Entschädigung für behinderungsbedingte Mehraufwendungen gemäß § 6 Abs. 6 VOB/B in Verbindung mit § 642 BGB

Sehr geehrte Damen und Herren,

mit Schreiben vom .... hatten wir Ihnen die Behinderung unserer Bauleistungen gemäß § 6 Abs. 1 VOB/B mitgeteilt und gleichzeitig ausgeführt, dass sich hierdurch die Ausführungsfristen verändern. Die Wiederaufnahme der Arbeiten ist am .... erfolgt.

Durch Behinderung sind uns folgende Mehraufwendungen entstanden, die § 6 Abs. 6 VOB/B von Ihnen als Auftraggeber zu tragen sind.

1. **Stillstandskosten:**

   Geräte: .... in der Zeit von .... bis ....

   Sonstige Stillstandskosten: ....

2. **Produktivitätsverluste gemäß gesonderter Berechnung**

   resultierend aus:

   Mehraufwendungen durch Umsetzen der Mitarbeiter innerhalb der Baustelle

   Mehraufwendungen durch Umsetzen der Mitarbeiter außerhalb der Baustelle

   nicht optimale Kolonnengrößen

   Überstunden

3. **Mehrkosten wegen verlängerter Bauzeit**

   resultierend aus:

   Bauzeitverlängerung um ....

   Hierdurch entstanden folgende Mehrkosten: ....

   Baustellengemeinkosten: ....

   Gerätekosten: ....

   Materialkosten: ....

   Lohnkosten: ....

4. Sonstige Aufwendungen:

5. Sonstige Schäden:

6. Entgangener Gewinn aufgrund von Vorsatz oder grober Fahrlässigkeit:

Mit freundlichen Grüßen

Auftragnehmer

Abrechnung von Stundenlohnarbeiten (längstens nach 4 Wochen) gemäß § 15 Abs. 4 VOB/B

Vorbemerkung

Stundenlohnrechnungen sind längstens in Abständen von 4 Wochen einzureichen (§ 15 Abs. 4 VOB/B). Sie gehören nicht in die Schlussabrechnung.

Für die Zahlungsfristen gelten die Vorschriften des § 16 VOB/B.

Ein Sicherungseinbehalt für Mängelansprüche auf Stundenlöhne steht dem Auftraggeber nicht zu.

Vermerk für den internen Betriebsablauf:

- Kontrolle des Zugangs der Stundenlohnabrechnung
- Zahlungskontrolle

Abs. Auftragnehmer

An Auftraggeber
Adresse

Ort, Datum

Gewerk: ....

Bauvorhaben: ....

in ....

Vereinbarung vom ....

Abrechnung von Stundenlohnarbeiten (längstens nach 4 Wochen) gemäß § 15 Abs. 4 VOB/B

Sehr geehrte Damen und Herren,

nach unseren vertraglichen Vereinbarungen vom .... und den Ihnen vorgelegten Stundenlohnzetteln gestatten wir uns fristgerecht die in der Anlage enthaltenen Stundenlohnarbeiten abzurechnen.

Wir bitten um zeitnahe Überprüfung und Ausgleich der Abrechnung. Für die Abwicklung gelten die Regelungen in § 16 VOB/B.

Mit freundlichen Grüßen

Auftragnehmer

Gefahrübergang gemäß § 7 Abs. 1 und 2 VOB/B und Anspruch auf Vergütung gemäß § 6 Abs. 5 VOB/B

Vorbemerkung

Wird gemäß § 7 Abs. 1 VOB/B eine vom Auftragnehmer ausgeführte Leistung vor der Abnahme gemäß § 12 VOB/B durch höhere Gewalt, Krieg, Aufruhr oder andere objektiv unabwendbare vom Auftragnehmer nicht zu vertretende Umstände beschädigt oder zerstört, hat der Auftragnehmer für die schon ausgeführten Teile seiner Leistung die Vergütungsansprüche gemäß § 6 Abs. 5 VOB/B. Für andere Schäden besteht zugunsten des Auftragnehmers keine Ersatzpflicht des Auftraggebers.

Voraussetzung für den Vergütungsanspruch ist selbstverständlich, dass der Auftragnehmer keine wie auch immer geartete Verantwortung für die Beschädigung oder Zerstörung der von ihm eingebauten Materialien trägt. Entscheidende Voraussetzung für Ansprüche gemäß § 7 Abs. 1 VOB/B ist ausschließlich, dass die Beschädigung oder Zerstörung durch Fremdeinwirkung geschieht.

Vermerk für den internen Betriebsablauf:

- Zugangskontrolle der Mitteilung nebst Abrechnung
- Kontrolle des Zahlungseingangs
- Dokumentation der Preisbildung
- Wiedervorlage für die Neubeauftragung

Abs. Auftragnehmer

An Auftraggeber
Adresse

Ort, Datum

Gewerk: ....

Bauvorhaben: ....

in ....

Bauvertrag vom ....

Gefahrübergang gemäß § 7 Abs. 1 und 2 VOB/B und Anspruch auf Vergütung gemäß § 6 Abs. 5 VOB/B

Sehr geehrte Damen und Herren,

mit Vertrag vom .... sind wir mit der Ausführung folgender Arbeiten beauftragt worden. Wir haben diese Leistungen zum Stichtag .... in folgendem Umfang erbracht:

....

....

....

Diese Leistungen zählen nach § 7 Abs. 1, Abs. 2 und § 6 Abs. 5 VOB/B zum Leistungsumfang, der zu den Vertragspreisen abzurechnen ist. Durch von uns nicht zu vertretende Umstände wurden vor Vollendung/Abnahme

- die Leistungen zerstört ....
- die Leistungen beschädigt ....

Der Schaden ist verursacht worden durch ....

Die Gründe liegen nicht in unserem Verantwortungsbereich. Es handelt sich daher um objektiv unabwendbare von uns nicht zu vertretende Umstände.

Für die bereits ausgeführte Leistung steht uns eine Vergütung gemäß § 6 Abs. 5 VOB/B zu. Für die entstandenen Kosten, die in den Vertragspreisen der nicht ausgeführten Leistungen enthalten sind, steht uns ebenfalls ein Vergütungsanspruch zu.

Wir rechnen die erbrachten Leistungen gemäß beiliegender Kostenberechnung ab. Gleichzeitig versichern wir, dass in der Rechnung keine Leistungen enthalten sind, die gemäß § 7 Abs. 3 VOB/B nicht vergütungspflichtig sind.

Bitte teilen Sie uns bis zum .... mit, ob Sie uns mit der Schadensbeseitigung oder der erneuten Leistungserbringung beauftragen, damit wir Ihnen ein entsprechendes Angebot unterbreiten können.

Mit freundlichen Grüßen

Auftragnehmer

Aufforderung zur Auszahlung des Sicherheitseinbehalts wegen fehlender Einzahlung auf Sperrkonto gemäß § 17 Abs. 6 Nr. 3 VOB/B

Vorbemerkung

Eine Variante der Sicherheitsleistung ist der Sicherheitseinbehalt gemäß § 17 Abs. 6 VOB/B. Hierbei behält der Auftraggeber vereinbarungsgemäß die Sicherheit in Teilbeträgen von seinen Zahlungen ein, und kürzt jeweils die Zahlung um höchstens 10 %, bis die vereinbarte Sicherheitssumme erreicht ist.

Der Auftraggeber muss dem Auftragnehmer den jeweils einbehaltenen Betrag mitteilen und binnen 18 Werktagen nach dieser Mitteilung den einbehaltenen Betrag auf ein Sperrkonto, also ein Konto über das beide nur gemeinsam verfügen können („Und-Konto"), bei dem vereinbarten Geldinstitut einzahlen. Er muss auch veranlassen, dass dieses Geldinstitut den Auftragnehmer von der Einzahlung des Sicherheitsbetrags benachrichtigt. Etwaige Zinsen auf das einbehaltene Geld stehen dem Auftragnehmer zu.

Diese Einzahlungspflicht auf das Sperrkonto gilt ab Vertragsschluss. Einer dahingehenden Aufforderung des Auftragnehmers bedarf es deshalb nicht. Der Auftraggeber muss das Sperrkonto selbstständig einrichten, eine Mitwirkungspflicht des Auftragnehmers besteht insoweit nicht.

Zahlt der Auftraggeber den einbehaltenen Betrag auf dem Sperrkonto nicht rechtzeitig ein, kann ihm der Auftragnehmer hierfür eine angemessene Nachfrist setzen. Lässt der Auftraggeber die ihm vom Auftragnehmer gesetzte Frist verstreichen ohne das Geld auf das Sperrkonto einzuzahlen, kann der Auftragnehmer die sofortige Auszahlung des einbehaltenen Betrages verlangen. Er braucht dann keinerlei Sicherheit mehr zu leisten.

Vermerk für den internen Bauablauf: – Zugangskontrolle der Auszahlungsaufforderung – Kontrolle des Zahlungseingangs

Abs. Auftragnehmer

An Auftraggeber
Adresse

Ort, Datum

Gewerk: ....

Bauvorhaben: ....

in ....

Aufforderung zur Auszahlung des Sicherheitseinbehalts wegen fehlender Einzahlung auf Sperrkonto gemäß § 17 Abs. 6 Nr. 3 VOB/B

Sehr geehrte Damen und Herren,

mit Schreiben vom .... haben wir Ihnen eine Nachfrist gesetzt zur Einzahlung der nach § 17 Abs. 5 und 6 VOB/B einzubehaltenden Sicherheit auf ein Sperrkonto, über das nur beide Parteien gemeinsam verfügen können („Und"-Konto).

Wir stellen fest, dass Sie innerhalb der gesetzten Frist die vereinbarte Sicherheitsleistung nicht auf ein Sperrkonto einbezahlt haben.

Wir bitten Sie daher um Überweisung des einbehaltenen Betrages auf unser Geschäftskonto bei der .... (IBAN: ....). Den Zahlungseingang erwarten wir binnen einer Woche.

Eine anderweitige Sicherheit brauchen wir nicht mehr zu leisten gemäß § 17 Abs. 3 S. 2 VOB/B.

Mit freundlichen Grüßen

Auftragnehmer

Sicherheitsleistung zur Vertragserfüllung, Einzahlung auf Sperrkonto gemäß § 17 Abs. 6 VOB/B

Vorbemerkung

Die Absicherung der wechselseitigen Ansprüche der Vertragsparteien durch Bürgschaften oder sonstige Sicherheiten ist ein seit jeher heiß diskutiertes Thema. Gesetzgeber und Rechtsprechung haben im Laufe der vergangenen Jahre eine ganze Reihe tief greifender Veränderungen im Sicherungssystem herbeigeführt. § 17 VOB/B und §§ 650 e und 650 f BGB sind die in diesem Zusammenhang wesentlichen Bestimmungen.

Wenn im Vertrag eine Sicherheitsleistung vereinbart ist, gilt § 17 VOB/B. Soweit nichts Abweichendes vereinbart ist, kann der Auftragnehmer gemäß § 17 Abs. 2 VOB/B Sicherheit für die vertragsgemäße Ausführung seiner Leistungen und für etwaige Mängelansprüche durch Einbehalt oder Hinterlegung von Geld oder durch Bürgschaft eines Kreditinstituts oder Kreditversicherers leisten. Eine wenig genutzte, aber gleichwohl sinnvolle Regelung der Sicherheitsleistung findet sich in § 17 Abs. 5 VOB/B. Hier gibt die VOB/B dem Auftragnehmer die Möglichkeit, wenn Sicherheit durch Hinterlegung von Geld vereinbart ist, dieses bei einem zu vereinbarenden Geldinstitut auf ein Sperrkonto einzuzahlen. Über dieses Konto können beide Vertragsparteien jeweils nur gemeinsam verfügen. Man nennt dies ein „Und-Konto“. Etwaige Zinsen aus einer solchen Geldanlage stehen grundsätzlich dem Auftragnehmer zu.

Soll der Auftraggeber die Sicherheit in Teilbeträgen von den zu leistenden Zahlungen einbehalten, so hat er den jeweiligen Betrag dem Auftragnehmer mitzuteilen (höchstens 10 % der jeweiligen Zahlung). Binnen 18 Werktagen nach dieser Mitteilung muss der Auftraggeber die Einzahlung des einbehaltenen Betrages auf das vereinbarte Sperrkonto vornehmen und gleichzeitig veranlassen, dass der Auftragnehmer von der Hinterlegung des Sicherheitsbetrags benachrichtigt wird (§ 17 Abs. 6 VOB/B). Tut er dies nicht, kann ihm der Auftragnehmer hierfür eine letzte Nachfrist setzen. Sollte auch diese Nachfrist fruchtlos verstreichen, ist der Auftraggeber zur vollständigen Auszahlung des Sicherheitseinbehalts verpflichtet und verliert jeden Anspruch auf Stellung einer Erfüllungssicherheit.

Vermerk für den internen Betriebsablauf:
- Wiedervorlage
- Fristenkontrolle zur gemeinsamen Kontoeröffnung
- Prüfung der Hinterlegung des Sicherungseinbehaltes
- bei fruchtlosem Fristablauf Nachfristsetzung
- Auszahlung des Sicherungseinbehaltes fordern

Abs. Auftragnehmer

An Auftraggeber
Adresse

Ort, Datum

Gewerk: ....

Bauvorhaben: ....

in ....

Vereinbarung vom ....

Sicherheitsleistung zur Vertragserfüllung, Einzahlung auf Sperrkonto gemäß § 17 Abs. 6 VOB/B

Sehr geehrte Damen und Herren,

die in unserem Bauvertrag vom .... geforderte Sicherheitsleistung soll in Teilbeträgen von den Zahlungen bis zur vereinbarten Sicherheitssumme geleistet werden.

Die Einbehalte sind gemäß § 17 Abs. 6 Nr. 1 in Verbindung mit Abs. 5 VOB/B binnen 18 Werktagen auf ein Sperrkonto einzuzahlen, über das Sie und wir nur gemeinsam verfügen können („Und-Konto"). Bisher liegt uns kein Nachweis über die Einzahlung des Sicherheitseinbehalts auf ein Sperrkonto vor. Wir setzen Ihnen hiermit eine letzte Nachfrist zur Einzahlung des Sicherheitseinbehalts auf ein Sperrkonto und entsprechende Mitteilung an uns bis zum ....

Nur vorsorglich weisen wir darauf hin, dass bei fruchtlosem Ablauf dieser Frist der Sicherheitseinbehalt an uns auszukehren ist und Sie jeden weiteren Anspruch auf Stellung einer Vertragserfüllungssicherheit verlieren. Im Übrigen stehen etwaige Zinsen aus dieser Geldanlage uns als Auftragnehmer zu.

Mit freundlichen Grüßen

Auftragnehmer

Abnahmeverlangen gemäß § 12 Abs. 1 und 4 VOB/B und § 640 BGB

Vorbemerkung

Die Abnahme der fertiggestellten Leistungen wird ausführlich in § 12 VOB/B geregelt. Auch das BGB hat in § 640 BGB die Abnahme vertragsgerecht ausgeführter Leistungen geregelt.

Aufgrund der Vielzahl der Abnahmemöglichkeiten empfiehlt es sich für die Vertragsparteien, sich auf eine Abnahmeregelung im Bauvertrag zu verständigen.

Der Auftragnehmer möchte, dass das von ihm errichtete Bauvorhaben vom Auftraggeber zügig abgenommen wird, weil damit folgende Rechtsfolgen eintreten:

- Fälligkeit der Schlussrechnung und Verzinsung des Werklohns,
- Beginn der Verjährungsfrist für Mängelansprüche,
- Gefahrübergang auf den Auftraggeber,
- Umkehr der Beweislast, d. h. dass nach Abnahme Mängel am Bauvorhaben vom Auftraggeber bewiesen werden müssen. Vor der Abnahme trifft den Auftragnehmer die Nachweispflicht, dass die von ihm erbrachten Arbeiten den Regeln der Baukunst entsprechen und als solche mangelfrei sind.

Nach vertragsgemäß erbrachter Fertigstellung der Leistung hat der Auftragnehmer das Recht, die Abnahme der von ihm erbrachten Leistungen zu verlangen. Der Auftraggeber hat die Abnahme binnen 12 Werktagen durchzuführen. Eine andere Frist können die Parteien vereinbaren.

Kommt der Auftraggeber seiner Verpflichtung zur Abnahme nicht nach, kann der Auftragnehmer auf § 640 Abs. 2 S. 1 BGB verweisen, soweit eine förmliche Abnahme ausdrücklich im Bauvertrag nicht vereinbart ist. Danach gilt die Abnahme der Werkleistung als vollzogen, wenn der Auftraggeber die Abnahme des Werks nicht innerhalb einer ihm vom Auftragnehmer bestimmten angemessenen Frist unter Angabe mindestens eines Mangels (dieser kann auch unwesentlich sein!) verweigert.

Vermerk für den internen Betriebsablauf:

- Zugangskontrolle des Abnahmeverlangens
- Fristenkontrolle zur Durchführung der Abnahme binnen 12 Werktagen nach Zugang der Aufforderung
- Protokollierung der Abnahme vorbereiten
- bei fruchtlosem Fristablauf den Auftraggeber in Verzug setzen

Abs. Auftragnehmer

An Auftraggeber
Adresse

Ort, Datum

Gewerk: ....

Bauvorhaben: ....

in ....

Vereinbarung vom ....

Abnahmeverlangen gemäß § 12 Abs. 1 und 4 VOB/B und § 640 BGB

Sehr geehrte Damen und Herren,

wir haben die uns beauftragten Bauarbeiten am Bauvorhaben .... ordnungsgemäß fertiggestellt und bitten demgemäß um Durchführung der Abnahme gemäß § 12 Abs. 1 VOB/B.

Bitte stimmen Sie mit uns gemeinsam den zeitnahen Termin zur Durchführung der Abnahme ab, spätestens jedoch innerhalb von 12 Werktagen nach Zugang dieses Schreibens.

Mit freundlichen Grüßen

Auftragnehmer

Förmliche Abnahme gemäß § 12 Abs. 4 VOB/B – Abnahmeprotokoll

Vorbemerkung

Den Vertragsparteien ist zu Beweiszwecken dringend zu empfehlen, für erbrachte Arbeiten eine förmliche Abnahme im Sinne des § 12 Abs. 4 Nr. 1 VOB/B durchzuführen. Diese ist im Bauvertrag gesondert zu vereinbaren.

Ist nach dem Bauvertrag eine förmliche Abnahme geregelt, **muss** der Auftragnehmer nach Fertigstellung der Leistung gemäß § 12 Abs. 4 VOB/B den Auftraggeber zur förmlichen Abnahme auffordern, da eine bloße Fertigstellungsanzeige an den Auftraggeber zur Herbeiführung der Abnahmefiktion in diesem Fall nicht ausreicht.

Erscheint zum Abnahmetermin nur der Architekt des Auftraggebers oder ein anderer Vertreter, muss sich der Auftragnehmer eine Vollmacht vorzeigen lassen, die den Architekten zur Vornahme der Abnahmeerklärung für den Auftraggeber ermächtigt. Andernfalls ist die Abnahmeerklärung für den Auftraggeber nicht bindend.

Im Abnahmeprotokoll ist eine Erklärung aufzunehmen, wonach etwa noch festgestellte Mängel der Abnahme nicht entgegenstehen und die Abnahme vollzogen ist.

Vermerk für den internen Betriebsablauf:

- Zugangskontrolle des Abnahmeverlangens
- Fristenkontrolle zur Durchführung der Abnahme binnen 12 Werktagen nach Zugang der Aufforderung
- Protokollierung der Abnahme und Unterzeichnung durch die zur Abnahme berechtigten bzw. bevollmächtigten Vertreter des Auftragnehmers und Auftraggebers
- bei fruchtlosem Fristablauf Inverzugsetzung des Auftraggebers

Abnahmeprotokoll

Bauvorhaben: ....

Auftraggeber: ....

Auftragnehmer: ....

Gewerk: ....

Anwesend für den Auftraggeber: ....

Anwesend für den Auftragnehmer: ....

Zusätzlich anwesend: ....

Abnahmeverhandlung am ....

Folgende Lieferungen und Leistungen wurden abgenommen:

....

....

....

....

....

☐ Die Abnahme der oben beschriebenen Leistungen wird erklärt.

☐ Die Abnahme der oben beschriebenen Leistungen wird verweigert.

Es wurden folgende wesentliche Mängel festgestellt:

....

....

....

....

....

☐ Die Abnahme der oben beschriebenen Leistungen wird erklärt. Der Auftraggeber behält sich seine Rechte wegen der folgenden Mängel vor.

Folgende Restfertigstellungsleistungen sind nicht wesentlich und werden unverzüglich, spätestens bis zum .... vom Auftragnehmer erbracht:

....

....

....

Folgende Mängel sind nicht wesentlich und werden vom Auftragnehmer unverzüglich, spätestens bis zum .... beseitigt:

....

....

....

....

....

.... , ...	.... , ...
Ort, Datum	Ort, Datum
....	....
Auftraggeber	Auftragnehmer

Verlangen nach Teilabnahme gemäß § 12 Abs. 2 VOB/B

Vorbemerkung

Die VOB/B sieht vor, dass in sich abgeschlossene Teile einer Bauleistung besonders abgenommen werden können. Diese Form der Abnahme darf nicht verwechselt werden mit einer Zustandsfeststellung gemäß § 4 Abs. 10 VOB/B oder § 14 Abs. 2 S. 3 VOB/B. Zustandsfeststellungen nach diesen beiden Vorschriften sind keine Teilabnahme, sie dienen lediglich der Beweissicherung für solche Arbeiten, die im Verlaufe des Bauvorhabens nicht mehr zugänglich sind und deshalb nicht mehr aufgemessen werden können.

Teilabnahmen sind eine Besonderheit der VOB/B, das Werkvertragsrecht nach BGB kennt diese nicht. Der Auftraggeber hat in der Regel ein nur sehr eingeschränktes Interesse daran, Teilabnahmen gemäß § 12 Abs. 2 VOB/B durchzuführen, da solche Teilabnahmen möglicherweise eine Vielzahl unterschiedlicher Verjährungsfristen für das Bauvorhaben in Gang setzen.

Einen Anspruch auf Teilabnahme hat der Auftragnehmer nur für tatsächlich in sich abgeschlossene Teile der Leistung. Zum Beispiel kann es bei der Errichtung einer Reihenhausanlage sinnvoll sein, das jeweils fertiggestellte einzelne Reihenhaus einer Teilabnahme zuzuführen. Für die Durchführung der Abnahme gelten die Vorschriften des § 12 Abs. 1 VOB/B. Eine Teilleistung innerhalb einer Leistung des Auftragnehmers (zum Beispiel das fertige Kellergeschoss eines Rohbaus) ist nicht teilabnahmefähig.

Die Parteien können freiwillig Teilabnahmen auch für nicht in sich abgeschlossene Leistungen vereinbaren. Ein gesetzlicher Anspruch hierauf besteht jedoch nicht.

In sich abgeschlossene Teile der Leistung können nach Teilabnahme ohne Rücksicht auf die Vollendung der übrigen Leistungen gemäß § 16 Abs. 4 VOB/B endgültig festgestellt und abgerechnet werden.

Vermerk für den internen Betriebsablauf:

- Zugangskontrolle des Abnahmeverlangens
- Fristenkontrolle zur Durchführung der Abnahme binnen 12 Werktagen nach Zugang der Aufforderung
- Protokollierung der Abnahme vorbereiten
- bei fruchtlosem Fristablauf den Auftraggeber in Verzug setzen

Abs. Auftragnehmer

An Auftraggeber
Adresse

Ort, Datum

Gewerk: ....

Bauvorhaben: ....

in ....

Vereinbarung vom ....

Verlangen nach Teilabnahme gemäß § 12 Abs. 2 VOB/B

Sehr geehrte Damen und Herren,

wir haben bei den uns beauftragten Arbeiten eine in sich abgeschlossene Teilleistung erbracht und bitten demgemäß um Durchführung einer Teilabnahme. Es handelt sich um

....

Bitte stimmen Sie mit uns gemeinsam den zeitnahen Termin zur Durchführung der Abnahme ab, spätestens jedoch innerhalb von 12 Werktagen nach Zugang dieses Schreibens.

Mit freundlichen Grüßen

Auftragnehmer

Abnahmeverlangen mit Fristsetzung gemäß § 12 Abs. 1 VOB/B

Vorbemerkung

Gemäß § 12 Abs. 1 VOB/B ist der Auftraggeber verpflichtet, die Abnahme der vom Auftragnehmer erbrachten Leistung binnen 12 Werktagen nach erklärtem Abnahmeverlangen des Auftragnehmers durchzuführen. Kommt der Auftraggeber seiner Verpflichtung, die Abnahme durchzuführen, nicht nach, kann der Auftragnehmer gemäß § 640 Abs. 2 S. 1 BGB eine angemessene Frist zur Abnahme setzen. Verweigert der Auftraggeber die Abnahme binnen dieser Frist nicht unter Angabe mindestens eines (auch unwesentlichen) Mangels, gilt das Werk als abgenommen.

Vermerk für den internen Betriebsablauf:

- Zugangskontrolle der Nachfristsetzung
- Fristenkontrolle zur Durchführung der Abnahme

Abs. Auftragnehmer

An Auftraggeber
Adresse

Ort, Datum

Gewerk: ....

Bauvorhaben: ....

in ....

Abnahmeverlangen mit Fristsetzung gemäß § 12 Abs. 1 VOB/B

Sehr geehrte Damen und Herren,

mit Schreiben vom .... haben wir Sie um Abnahme unserer Leistungen gebeten und Ihnen hierfür einen Terminvorschlag für den .... unterbreitet. Wir sind ohne Rückäußerung geblieben.

Die Abnahme der Leistung zählt zu den Hauptpflichten des Auftraggebers. Sie ist gemäß § 12 Abs. 1 VOB/B innerhalb von zwölf Werktagen nach Fertigstellungsanzeige durchzuführen. Wir setzen daher eine Nachfrist bis zum ...., um die Abnahme der Leistungen gemeinsam durchzuführen.

Nur vorsorglich weisen wir auf die Rechtsfolgen der versäumten Abnahme gemäß § 640 Abs. 2 S. 1 BGB hin.

Mit freundlichen Grüßen

Auftragnehmer

Fertigstellungsanzeige gemäß § 12 Abs. 5 Nr. 1 VOB/B

Vorbemerkung

Wenn der Auftragnehmer lediglich die Fertigstellung mitgeteilt hat und der Auftraggeber keine Abnahme verlangt, so gilt die Leistung nach Ablauf von 12 Werktagen nach schriftlicher Mitteilung über die Fertigstellung der Leistungen als abgenommen. Dies gilt nicht, wenn eine förmliche Abnahme im Bauvertrag vereinbart wurde oder der Auftraggeber innerhalb der gesetzten Frist die Abnahme verweigert oder innerhalb der Frist mitteilt, dass er die Durchführung der förmlichen Abnahme verlangt.

Einer Fertigstellungsanzeige gemäß § 12 Abs. 5 Nr. 1 VOB/B steht nach einhelliger Meinung in der Rechtsprechung die Übersendung der Schlussrechnung gleich, wenn nicht im Bauvertrag die förmliche Abnahme vorgesehen ist.

Vorbehalte wegen bekannter Mängel oder wegen Vertragsstrafen **muss** der Auftraggeber spätestens zu der genannten Frist gemäß § 12 Abs. 5 Nr. 3 VOB/B geltend machen.

Vermerk für den internen Betriebsablauf:

- Zugangskontrolle der Fertigstellungsanzeige
- Terminüberwachung und Erstellung der Schlussrechnung
- Fristablauf für Mängelansprüche vormerken

Abs. Auftragnehmer

An Auftraggeber
Adresse

Ort, Datum

Gewerk: ....

Bauvorhaben: ....

in ....

Vereinbarung vom ....

Fertigstellungsanzeige gemäß § 12 Abs. 5 Nr. 1 VOB/B

Sehr geehrte Damen und Herren,

wir haben die uns beauftragten Arbeiten zwischenzeitlich vollständig fertiggestellt.

Wir weisen darauf hin, dass mit Ablauf von zwölf Werktagen nach Zugang unserer Fertigstellungsanzeige bei Ihnen unsere Leistung als abgenommen gilt (§ 12 Abs. 5 Nr. 1 VOB/B).

Mit freundlichen Grüßen

Auftragnehmer

Abnahmefiktion durch Ingebrauchnahme gemäß § 12 Abs. 5 Nr. 2 VOB/B

Vorbemerkung

Insbesondere bei kleineren Arbeiten wird von den Vertragsparteien die Durchführung einer förmlichen Abnahme für nicht notwendig empfunden. Hat der Auftraggeber keine Abnahme verlangt und die Leistung oder auch nur einen Teil der Leistung in Benutzung genommen, tritt die Abnahmefiktion nach Ablauf von 6 Werktagen nach Beginn der Benutzung ein.

Den Parteien steht es selbstverständlich frei, in diesem Zusammenhang auch andere Vereinbarungen zu treffen. Die VOB/B weist in diesem Zusammenhang ausdrücklich darauf hin, dass die Benutzung von Teilen einer baulichen Anlage zur Weiterführung der Arbeiten nicht als Abnahme gelten kann und die Regelungen des § 12 Abs. 5 Nr. 2 VOB/B in solchen Fällen nicht greifen.

Vorbehalte wegen bekannter Mängel oder wegen Vertragsstrafen kann der Auftraggeber spätestens zu der genannten Frist gemäß § 12 Abs. 5 Nr. 3 VOB/B geltend machen.

Vermerk für den internen Betriebsablauf:

- Dokumentation der Ingebrauchnahme
- Mitteilung der Ingebrauchnahme und Übersendung der Schlussrechnung
- Zahlungseingang der Schlussrechnungsforderung kontrollieren
- Fristenkontrolle für den Ablauf der Mängelansprüche und Herausgabe von Sicherheiten prüfen

Abs. Auftragnehmer

An Auftraggeber
Adresse

Ort, Datum

Gewerk: ....

Bauvorhaben: ....

in ....

Vereinbarung vom ....

Abnahmefiktion durch Ingebrauchnahme gemäß § 12 Abs. 5 Nr. 2 VOB/B

Sehr geehrte Damen und Herren,

wir haben die uns beauftragten Arbeiten vollständig und mangelfrei erbracht. Eine förmliche Abnahme der Leistungen haben wir nicht vereinbart.

Die von uns erbrachten Leistungen haben Sie zwischenzeitlich in Benutzung genommen. Wie Sie wissen, gilt die Abnahme nach Ablauf von sechs Werktagen nach Beginn der Benutzung als erfolgt. Nachdem die sechs Werktage verstrichen sind, erlauben wir uns, als Anlage zu diesem Schreiben die von uns erstellte Schlussrechnung für die erbrachten Arbeiten zu übergeben.

Wir erwarten den zeitnahen Ausgleich unserer Vergütungsansprüche und verbleiben

mit freundlichen Grüßen

Auftragnehmer

Abnahmeverlangen oder Freizeichnung nach Durchführung der Mängelbeseitigungsarbeiten gemäß § 13 Abs. 5 Nr. 1 VOB/B

Vorbemerkung

Gemäß § 13 Abs. 5 Nr. 1 VOB/B beginnt nach Abnahme der Mängelbeseitigungsleistung für diese Leistung eine Verjährungsfrist von 2 Jahren neu, die jedoch nicht vor Ablauf der Regelfristen nach Abs. 4 oder der an ihrer Stelle vereinbarten Frist endet.

Die Beseitigung der vom Auftraggeber gerügten Mängel durch den Auftragnehmer allein ist nicht ausreichend. Die Fertigstellung der Mängelbeseitigungsarbeiten muss dem Auftraggeber nachweisbar angezeigt werden oder es muss eine förmliche Abnahme (wenn sie im Bauvertrag vereinbart ist) durchgeführt werden.

Es ist für den Auftragnehmer von großer Bedeutung, dass er sich nach Mängelbeseitigung vom Auftraggeber bestätigen lässt, dass die gerügten Mängel vollständig und fachgerecht beseitigt worden sind. Unterlässt dies der Auftragnehmer, besteht folgende Gefahr: Tritt der behobene Mangel Jahre später erneut auf, kann sich der Auftragnehmer nicht auf Verjährung berufen. Weil die Mangelbeseitigungsleistung nie abgenommen wurde, hat die 2-jährige Gewährleistungsfrist für die Mangelbeseitigungsleistung nie zu laufen begonnen. Der Auftragnehmer bleibt in diesem Fall auch Jahre später noch zur (erneuten) Mangelbeseitigung verpflichtet, sofern er keine anderweitige Abnahme der ursprünglichen Mangelbeseitigungsleistung beweisen kann.

Vermerk für den internen Betriebsablauf:

- Zugangskontrolle der Nachfristsetzung
- Kontrolle der Mängelfreizeichnung

  oder
- Fristenkontrolle zur Durchführung der Abnahme
- Protokollierung der Abnahme vorbereiten
- bei fruchtlosem Fristablauf den Auftraggeber in Verzug setzen
- Ablauf der neuen Verjährungsfristen notieren zum Herausgabeverlangen der Sicherheitsleistung für Mängelansprüche

Abs. Auftragnehmer

An Auftraggeber
Adresse

Ort, Datum

Gewerk: ....

Bauvorhaben: ....

in ....

Abnahmeverlangen oder Freizeichnung nach Durchführung der Mängelbeseitigungsarbeiten gemäß § 13 Abs. 5 Nr. 1 VOB/B

Sehr geehrte Damen und Herren,

die von Ihnen gerügten Mängel gemäß

– Abnahmeprotokoll vom ....

– Begehung vom ....

– Ihrer Mängelanzeige vom ....

haben wir vollständig beseitigt.

Wir bitten Sie,

– einen Abnahmetermin binnen 12 Werktagen zu vereinbaren. Als Termin zur förmlichen Abnahme schlagen wir den .... vor.

– die Mängelfreizeichnung bis zum .... vorzunehmen.

Mit freundlichen Grüßen

Auftragnehmer

Ablehnung der Mängelbeseitigung gemäß § 13 VOB/B

Vorbemerkung

Der Auftragnehmer ist gemäß § 13 Abs. 1 VOB/B verpflichtet, seinem Auftraggeber die geschuldete Leistung frei von Sach- und Rechtsmängeln zu verschaffen. Die Pflicht zur mangelfreien Herstellung ist Hauptpflicht des Auftragnehmers. Mangelhafte Fertigstellung des Gewerkes gilt als Schlechtleistung und wird als Sachmangel bewertet.

Der Gesetzgeber hat den subjektiven Mangelbegriff definiert, nämlich die „vereinbarte Beschaffenheit" (§ 633 II Satz 1 BGB). Dieser Beschaffenheitsbegriff umfasst alle dem geschuldeten Werk anhaftenden Eigenschaften einschließlich aller äußeren Umstände. Erfasst werden damit auch alle Faktoren, die sich auf die Verwendbarkeit des Werkes und dessen Wert auswirken können. Damit ist jede Abweichung von der vereinbarten Beschaffenheit ein Sachmangel. Dies gilt sogar, wenn die ausgeführte Leistung wirtschaftlich und technisch gleichwertig oder sogar besser als die geschuldete Leistung ist. Selbst unerhebliche Abweichungen, durch die die Gebrauchstauglichkeit des Gewerkes objektiv nicht beeinflusst wird, können nach dem Beschaffenheitsbegriff einen Mangel darstellen. Im Mangelbegriff des § 13 VOB/B wird zusätzlich auf die anerkannten Regeln der Technik abgestellt. Auch das BGB hat dieses Tatbestandsmerkmal nach herrschender Meinung in den Wortlaut des § 633 BGB „hineingedacht". Beschaffenheitsvereinbarungen können auch stillschweigend (konkludent) entstehen, z. B. wenn der Auftragnehmer weiß, dass aufgrund der Besonderheit des Bauvorhabens bestimmte bauliche Maßnahmen einzuhalten sind (Schallschutz, Brandschutz etc.).

Gemäß § 13 Abs. 5 VOB/B ist der Auftragnehmer verpflichtet, alle hervortretenden Mängel, die auf vertragswidrige Leistungen zurückzuführen sind, auf seine Kosten zu beseitigen. Häufig ist der Auftragnehmer der Auffassung, dass die vom Auftraggeber gerügten Mängel sein Gewerk gar nicht betreffen und er deshalb zur Mängelbeseitigung auch nicht verpflichtet sei. Ist ein Mangel zurückzuführen auf die Leistungsbeschreibung oder auf Anordnungen des Auftraggebers, auf von diesem gelieferten oder vorgegebenen Stoffen oder Bauteilen oder die Beschaffenheit einer Vorleistung eines anderen Unternehmers, haftet der Auftragnehmer jedoch nur dann nicht, wenn er vor Ausführung seine Bedenken gemäß § 4 Abs. 3 VOB/B angemeldet hat.

Ein häufig auftretendes Problem besteht für den Auftragnehmer darin, dass der Auftraggeber gemäß § 13 Abs. 5 Nr. 2 VOB/B nach vergeblicher Aufforderung berechtigt ist, die Mängel auf Kosten des Auftragnehmers durch eine Drittfirma beseitigen zu lassen. Dies wird in der Regel sehr viel teurer, als wenn der ausführende Unternehmer die behauptete Mängelbeseitigung selbst vornimmt. Ist sich also der Auftragnehmer nach erklärter Mängelrüge durch den Auftraggeber sicher, für den behaupteten Mangel nicht verantwortlich zu sein, empfiehlt es sich gleichwohl, dem Auftraggeber die nachfolgend beschriebene Nachricht zukommen zu lassen, um der Ersatzvornahme durch Drittfirmen vorzubeugen.

Abgrenzung Mangel zum Verschleiß

Mängelansprüche setzen voraus, dass ein Mangel bereits zum Zeitpunkt der Abnahme vorhanden gewesen ist. Entsteht der Mangel erst später, haftet der Unternehmer nur, wenn er eine Haltbarkeitsgarantie übernommen hat oder wenn bei Abnahme der Mangel bereits dem Grunde nach vorhanden war.

Ein Mangel liegt also grundsätzlich nicht vor, wenn ein Verschleißteil die übliche Haltbarkeitsdauer erreicht oder die erforderliche Wartung gemäß § 13 Abs. 4 VOB/B vom Auftraggeber nicht beauftragt worden ist.

Vorab prüfen!

- Verjährungsfrist, § 13 Abs. 4 VOB/B
- Verjährungsfrist, § 13 Abs. 5 VOB/B
- abweichende Verjährungsfrist nach § 13 Abs. 4 VOB/B prüfen
- Vorlage der Dokumentation der Bedenkenanmeldungen
- Frist zur Ersatzvornahme durch den Auftraggeber nach § 13 Abs. 5 Nr. 2 VOB/B beachten

Abs. Auftragnehmer

An Auftraggeber
Adresse

Ort, Datum

Gewerk: ....

Bauvorhaben: ....

in ....

Ablehnung der Mängelbeseitigung gemäß § 13 VOB/B

Sehr geehrte Damen und Herren,

mit Schreiben vom .... haben Sie uns aufgefordert, folgende Mängel zu beseitigen:

....

....

....

....

Wir weisen darauf hin, dass wir nicht verpflichtet sind, Ihrer Aufforderung zur Mängelbeseitigung nachzukommen. Wir begründen unsere Ablehnung wie folgt:

☐ Wir erheben die Einrede der Verjährung.

☐ Der bezeichnete Mangel lag bereits bei der förmlichen Abnahme am .... vor und die Rechte wegen dieses Mangels wurden nicht vorbehalten.

☐ Bei den von Ihnen gerügten Mängeln handelt es sich um Abnutzungsschäden aufgrund materialbedingten Verschleißes und nicht um einen Mangel im Sinne des § 13 Abs. 1 VOB/B.

☐ Die von Ihnen gerügten Mängel sind an Baustoffen entstanden, die von Ihnen selbst zur Verfügung gestellt worden sind. Wir hatten hierzu bereits mit Schreiben vom .... unsere Bedenken angemeldet (§ 4 Abs. 3 VOB/B).

☐ Die von Ihnen gerügten Mängel sind auf die von Ihnen selbst vorgegebene Leistungsbeschreibung zurückzuführen. Wir hatten hierzu bereits mit Schreiben vom .... unsere Bedenken angemeldet (§ 4 Abs. 3 VOB/B).

☐ Die von Ihnen gerügten Mängel beruhen auf Ihrer Anordnung, Bauteile zu verwenden, die von Ihnen zum Einbau vorgeschrieben worden sind. Wir hatten hierzu bereits mit Schreiben vom .... darauf hingewiesen, dass wir wegen des vorgeschriebenen Einbaus der Materialien Mängel befürchten (§ 4 Abs. 3 VOB/B).

☐ Die Verweigerung zur Mängelbeseitigung beruht auf der Beschaffenheit der Vorleistung eines anderen Unternehmens (§ 13 Abs. 3 VOB/B). Wir hatten hierzu bereits mit Schreiben vom .... unsere Bedenken angemeldet (§ 4 Abs. 3 VOB/B).

☐ Wir haben Sie mit Schreiben vom .... auf unsere Bedenken hinsichtlich der von Ihnen getroffenen Anordnung hingewiesen (§ 4 Abs. 3 VOB/B). Die von Ihnen nun gerügten Mängel beruhen auf diesen Anordnungen.

Wir haften daher nicht für die Beseitigung dieser Mängel und machen daher von unserem Recht Gebrauch, die Beseitigung der von Ihnen gerügten Mängel zu verweigern (§ 13 Abs. 3 VOB/B).

Mit freundlichen Grüßen

Auftragnehmer

Fristverlängerung zur Durchführung der Mängelbeseitigungsarbeiten gemäß § 13 Abs. 5 VOB/B

Vorbemerkung

Gemäß § 13 Abs. 5 Nr. 1 VOB/B ist der Auftragnehmer verpflichtet, alle während der Verjährungsfrist hervortretenden Mängel, die auf vertragswidrige Leistungen zurückzuführen sind, zu beseitigen, wenn es der Auftraggeber vor Ablauf der Verjährungsfrist schriftlich verlangt.

Kommt der Auftragnehmer der Aufforderung zur Mängelbeseitigung in einer vom Auftraggeber gesetzten angemessenen Frist nicht nach, so kann der Auftraggeber die Mängel auf Kosten des Auftragnehmers durch Dritte beseitigen lassen. Eine Nachfristsetzung durch den Auftraggeber ist nicht erforderlich.

Der Auftragnehmer ist daher gehalten, sehr sorgfältig zu überprüfen, ob er eine vom Auftraggeber gesetzte Frist zur Durchführung der Mängelbeseitigungsarbeiten einhalten kann. Dazu hat er zu überprüfen, ob er materialtechnisch oder auch in Richtung auf verfügbare Mitarbeiter zuverlässig in der Lage sein wird, innerhalb der vom Auftraggeber gesetzten Frist die angemeldeten Mängel sachgerecht zu beseitigen. Eine große Rolle spielen auch die Witterungseinflüsse, die die fristgerechte Durchführung der Mängelbeseitigungsarbeiten erschweren oder sogar unmöglich machen können. All diese Dinge hat der Auftragnehmer nachvollziehbar dem Auftraggeber darzulegen. Der Auftragnehmer sollte die Mängelbeseitigungsfristen einvernehmlich mit dem Auftraggeber abstimmen.

Vermerk für den internen Betriebsablauf:
- Verjährungsfrist kontrollieren
- Fristüberwachung und Terminvereinbarung zur Durchführung der Mängelbeseitigungsarbeiten

Abs. Auftragnehmer

An Auftraggeber
Adresse

Ort, Datum

Gewerk: ....

Bauvorhaben: ....

in ....

Fristverlängerung zur Durchführung der Mängelbeseitigungsarbeiten gemäß § 13 Abs. 5 VOB/B

Sehr geehrte Damen und Herren,

mit Schreiben vom .... haben Sie uns aufgefordert, folgende Mängel zu beseitigen:

....

....

....

....

Die gesetzte Frist zur Mängelbeseitigung ist nicht angemessen. Wir sind grundsätzlich zur Mängelbeseitigung bereit, allerdings

- haben wir auf einer anderen Baustelle fristgebundene Arbeiten zu leisten, sodass wir zum verlangten Zeitpunkt unser Personal nicht abziehen können. Wir werden die Arbeiten in der ...... KW durchführen.
- bestehen für das Material, das wir für die fachgerechte Beseitigung der von Ihnen gerügten Mängel benötigen, Lieferfristen von mindestens .... Wochen.
- sind wir durch Witterungseinflüsse an der Durchführung der Mängelbeseitigungsarbeiten aufgrund der Verschiebung in die ungünstige Jahreszeit gehindert. Wir werden die Maßnahmen durchführen, sobald die Wiederaufnahme der Arbeiten möglich ist.

Den genauen Termin zur Durchführung der Mängelbeseitigungsarbeiten werden wir mit Ihnen noch telefonisch abstimmen.

Mit freundlichen Grüßen

Auftragnehmer

Aufforderung zur Abgabe einer Kostenübernahmeerklärung durch den Auftraggeber für vergebliche Aufwendungen bei nicht berechtigten Mängelansprüchen

Vorbemerkung

Bei zahlreichen Mängelrügen des Auftraggebers ist der Auftragnehmer zutiefst davon überzeugt, dass der geltend gemachte Mangel sein Gewerk nicht betrifft. Er neigt daher dazu, die Aufforderung des Auftraggebers zur Mängelbeseitigung zu ignorieren und etwa gesetzte Fristen verstreichen zu lassen. Gemäß § 13 Abs. 5 Nr. 2 VOB/B kann nach Ablauf der gesetzten Frist der Auftraggeber die von ihm gerügten Mängel auf Kosten des Auftragnehmers beseitigen lassen (§ 13 Abs. 5 Nr. 2 VOB/B). Es ist daher dringend zu empfehlen, dass der Auftragnehmer auch dann, wenn er überzeugt ist, für den gerügten Mangel nicht die Verantwortung zu tragen, sich mit dem Auftraggeber in Verbindung setzt, um mit ihm gemeinsam den behaupteten Mangel zu überprüfen. In dem hierzu abgedruckten Musterbrief wird die Bereitschaft zur Besichtigung des gerügten Mangels durch den Auftragnehmer erklärt und gleichzeitig die Bitte ausgesprochen, dass für den Fall, dass der gerügte Mangel das Gewerk des Auftragnehmers nicht betrifft, der Auftraggeber die Kosten für die aufgewandte Arbeitszeit nebst Reisekosten erstattet. Ein Leistungsverweigerungsrecht für den Auftragnehmer besteht bei unterlassener Kostenübernahmeerklärung jedoch nicht.

Vermerk für den internen Betriebsablauf:

- Zugang des Schreibens kontrollieren
- Vereinbarung eines Termins innerhalb der vom Auftraggeber gesetzten Mängelbeseitigungsfrist

Abs. Auftragnehmer

An Auftraggeber
Adresse

Ort, Datum

Gewerk: ....

Bauvorhaben: ....

in ....

Vereinbarung vom ....

Aufforderung zur Mängelbeseitigung gemäß § 13 Abs. 5 Nr. 2 VOB/B

Kostenübernahmeerklärung für vergebliche Aufwendungen bei nicht berechtigten Mängelansprüchen

Sehr geehrte Damen und Herren,

Ihre Aufforderung vom ...., folgende Mängel zu beseitigen

....

....

....

....

haben wir erhalten. Wir sind der sicheren Überzeugung, dass der von Ihnen gerügte Mangel unserem Gewerk nicht zuzurechnen ist. Wir sind aber bereit, zusammen mit Ihnen vor Ort den behaupteten Mangel zu besichtigen, um mögliche Mängelbeseitigungsansprüche zu besprechen.

In diesem Zusammenhang richten wir folgende Bitte an Sie: Sollte sich herausstellen, dass der von Ihnen gerügte Mangel unser Gewerk nicht betrifft, verpflichten Sie sich, die bei uns entstandenen Kosten auf Stundenlohnbasis und Reisekosten zu ersetzen. Wir bitten um Unterzeichnung und Rückgabe der vorbereiteten Erklärung hierzu.

Anschließend werden wir einen Besichtigungstermin vor Ort auf der Baustelle mit Ihnen vereinbaren.

Mit freundlichen Grüßen

Auftragnehmer

Erklärung/Kostenübernahmebestätigung
zum Schreiben vom ....

Bauvorhaben: ....

Auftraggeber: ....

Auftragnehmer: ....

Gewerk: ....

Gerügter Mangel: ....

Falls der von uns bei obigem Bauvorhaben gerügte Mangel Ihr Gewerk nicht betrifft, sind wir bereit, die bei Ihnen entstehenden Personal- und Reisekosten für An- und Abfahrt zu ersetzen.

Für die Abrechnung gelten folgende Kostenansätze pro Stunde/€ zzgl. Mwst.:

1. Meister ....
2. Geselle ....
3. Fuhrpark ....
4. ....

.... , ...

Ort, Datum

....

Auftraggeber

Minderung statt Mängelbeseitigung gemäß § 13 Abs. 6 VOB/B in Verbindung mit § 638 BGB

Vorbemerkung

Ist die Beseitigung des Mangels für den **Auftraggeber** unzumutbar oder ist sie unmöglich oder würde sie für den Auftragnehmer einen unverhältnismäßig hohen Aufwand erfordern und wird sie deshalb vom Auftragnehmer verweigert, so kann der Auftraggeber durch Erklärung gegenüber dem Auftragnehmer die Vergütung mindern (§ 638 BGB).

§ 13 Abs. 6 VOB/B bezieht sich inhaltlich auf § 638 BGB. In § 638 Abs. 3 BGB wird geregelt, dass die Vergütung in dem Verhältnis herabzusetzen ist, in welchem zur Zeit des Vertragsabschlusses der Wert der Werkleistung in mangelfreiem Zustand zu dem wirklichen Wert gestanden haben würde. Ferner führt § 638 Abs. 3 BGB dazu aus, dass die Minderung, soweit es erforderlich ist, durch Schätzung zu ermitteln ist.

Vermerk für den internen Betriebsablauf:
- Zumutbarkeit der Mängelbeseitigung prüfen
- Sofortige Überprüfung der Mängelbeseitigungskosten
- Berechnung und Vereinbarung etwaiger Minderungsansprüche durchführen

Abs. Auftragnehmer

An Auftraggeber
Adresse

Ort, Datum

Gewerk: ....

Bauvorhaben: ....

in ....

Aufforderung zur Mängelbeseitigung vom ....

Minderung statt Mängelbeseitigung gemäß § 13 Abs. 6 VOB/B
in Verbindung mit § 638 BGB

Sehr geehrte Damen und Herren,

mit Ihrem Schreiben vom .... haben Sie uns aufgefordert, an obigem Bauvorhaben folgende Mängel zu beseitigen:

....

....

Nach sorgfältiger Überprüfung Ihres Mängelbeseitigungsbegehrens müssen wir leider feststellen, dass die von Ihnen gewünschte Beseitigung des Mangels

☐ objektiv unmöglich ist. Wir begründen dies wie folgt:

....

....

☐ die Beseitigung des (der) Mangels (Mängel) einen unverhältnismäßig hohen Aufwand erfordern würde, sodass wir von dem uns zustehenden Recht Gebrauch machen müssen, die Beseitigung des Mangels aus diesen Gründen zu verweigern (§ 13 Abs. 6 VOB/B).

Aufgrund dieser Tatsache steht Ihnen gem. § 13 Abs. 6 VOB/B ein Anspruch auf Minderung der Vergütung zu. Die Berechnung des Minderungsanspruches richtet sich nach § 638 BGB.

Bitte teilen Sie uns mit, ob Sie mit dem Vorschlag einverstanden sind, damit wir den Vorgang gemeinsam zum Abschluss bringen können.

Mit freundlichen Grüßen

Auftragnehmer

Vereinbarung einer Haftungsverteilung aufgrund von Fehlern des Auftraggebers oder Fachplaners gemäß § 13 Abs. 5 VOB/B in Verbindung mit §§ 254/278 BGB

Vorbemerkung

Häufig haben bei der Entstehung eines Mangels der Auftraggeber oder sein Architekt/ Fachplaner selbst (Mit-)Ursachen für den Mangel gesetzt. Dieses Mitverschulden führt zu einer anteiligen Haftung des Auftraggebers bzw. seiner Erfüllungsgehilfen. Die Rechtsgrundlagen hierfür setzt das BGB in § 254 BGB, der das Mitverschulden regelt, sowie § 278 BGB, der bestimmt, dass der Auftraggeber sich das Verhalten seiner Erfüllungsgehilfen – etwa Architekten oder Bauleiter – zurechnen lassen muss, wie eigenes Verschulden. Um eine langwierige gerichtliche Auseinandersetzung zu vermeiden, können die Parteien eine Haftungsverteilungsvereinbarung nach dem folgenden Muster schließen.

Vermerk für den internen Betriebsablauf:

- Sorgfältige Berechnung und Nachweise etwaigen Mitverschuldens des Auftraggebers oder der Fachplaner erstellen
- Berechnung und Vereinbarung etwaiger Mitverschuldensquoten durchführen

Abs. Auftragnehmer

An Auftraggeber
Adresse

Ort, Datum

Gewerk: ....

Bauvorhaben: ....

in ....

Aufforderung zur Mängelbeseitigung vom ....

Vereinbarung einer Haftungsverteilung aufgrund von Fehlern des Auftraggebers oder Fachplaners gemäß § 13 Abs. 5 VOB/B in Verbindung mit §§ 254/278 BGB

Sehr geehrte Damen und Herren,

mit Ihrem Schreiben vom .... haben Sie uns aufgefordert, folgende Mängel zu beseitigen:

....

....

....

....

Wir erkennen an, dass ein Teil dieser Mängel uns zuzurechnen ist. Wir weisen jedoch darauf hin, dass die von Ihnen gerügten Mängel auf einem Fehler in der Leistungsbeschreibung beruhen, der für uns auch bei sorgfältigster Prüfung nicht erkennbar war. Diesen Fehler hat der von Ihnen beauftragte Fachplaner zu vertreten. Für diesen Fehler Ihres Erfüllungsgehilfen im Sinne des § 278 BGB müssen Sie selbst einstehen.

In der Anlage zu diesem Schreiben überreichen wir Ihnen eine Kostenaufstellung, in der wir die voraussichtlichen Kosten der Mängelbeseitigung ausgewiesen haben. In dieser Aufstellung finden Sie die Positionen, die ihre Ursache in der fehlerhaften Leistungsbeschreibung Ihres Fachplaners haben. Die Mitverursachungsquote bei dem für die Mängelbeseitigung zu erbringenden Aufwand berechnet sich in Höhe von .... %.

In Höhe dieser Quote müssen Sie bei Ihren Mängelbeseitigungsansprüchen einen Abzug hinnehmen. Sollten Sie auf einer vollständigen Mängelbeseitigung durch uns bestehen, kündigen wir Ihnen bereits heute an, dass wir einen Anteil der uns entstehenden Mängelbeseitigungskosten in Höhe der o. g. Quote bei Ihnen geltend machen werden.

Mit freundlichen Grüßen

Auftragnehmer

Anlage
Kostenaufstellung

Aufforderung zum gemeinsamen Aufmaß zur Erstellung der Schlussrechnung gemäß § 14 Abs. 2 und 3 VOB/B

Vorbemerkung

Den Vertragsparteien empfiehlt die VOB/B ausdrücklich, die für die Abrechnung notwendigen Feststellungen möglichst gemeinsam durchzuführen. § 14 Abs. 2 VOB/B weist auf die besondere Beachtung der Abrechnungsbestimmungen hin, die sich aus den Technischen Vertragsbedingungen und den anderen Vertragsunterlagen ergeben. Hier ist in der Regel die Abrechnung auf Grundlage von Zeichnungen vorgesehen. Daher empfiehlt sich die gemeinsame Vereinbarung eines Abrechnungsprozederes im Vertrag. Je nachdem was im Hinblick auf die betreffende Bauleistung praktikabel ist, sollte bestimmt werden, ob die Leistung gemeinsam auf der Baustelle aufzumessen ist, oder vom Auftraggeber durch Zeichnungen ermittelt werden kann.

Für Leistungen, die bei Weiterführung der Arbeiten nur noch schwer feststellbar sind, etwa weil sie bestimmungsgemäß verbaut werden, sollte der Auftragnehmer mit diesem Musterbrief rechtzeitig gemeinsame Feststellungen der mangelfreien Ausführung der Leistung beantragen gemäß § 14 Abs. 2 S. 3 VOB/B.

Wenn die Leistungszeit für die beauftragten Arbeiten drei Monate nicht überschreitet, verlangt die VOB vom Auftragnehmer die Erstellung der Schlussrechnung binnen einer Frist von 12 Werktagen nach Fertigstellung der Arbeiten. Bei umfangreicheren Aufträgen verlängert sich die Frist um je 6 Werktage für je weitere 3 Monate Ausführungsfrist gemäß den Vorschriften des § 14 Abs. 3 VOB/B.

Abs. Auftragnehmer

An Auftraggeber
Adresse

Ort, Datum

Gewerk: ....

Bauvorhaben: ....

in ....

Vereinbarung vom ....

Aufforderung zum gemeinsamen Aufmaß zur Erstellung der Schlussrechnung gemäß § 14 Abs. 2 und 3 VOB/B

Sehr geehrte Damen und Herren,

wir werden die uns beauftragten Leistungen bis zum .... vollständig ausgeführt haben.

Im Zuge des Fortgangs der Arbeiten werden die von uns erbrachten Leistungen im Nachhinein nur noch schwer feststellbar sein, sodass wir gemäß § 14 Abs. 2 VOB/B beantragen, die für die Abrechnung notwendigen Feststellungen gemeinsam vor Ort vorzunehmen.

Als Termin für die Durchführung der gemeinsamen Feststellungen schlagen wir den .... vor.

Nur vorsorglich weisen wir Sie darauf hin, dass eine etwaige Verweigerung der Durchführung der geforderten Feststellungen durch Sie nach ständiger Rechtsprechung zu einer Umkehr der Beweislast im Hinblick auf die mangelfreie Ausführung unseres Gewerks führen wird.

Wir bitten um Bestätigung des Termins für die gemeinsamen Feststellungen bis zum ....

Mit freundlichen Grüßen

Auftragnehmer

Erstellung und Zustellung der prüffähigen Schlussrechnung gemäß § 16 Abs. 3 Nr. 1 VOB/B

Vorbemerkung

Bei einem VOB/B-Vertrag reicht die Abnahme der vertragsgerecht und mangelfrei erbrachten Bauleistungen zur Fälligkeit der Werklohnansprüche nicht aus. Zudem ist der Auftragnehmer verpflichtet gemäß § 14 Abs. 1 VOB/B, eine prüfbare Abrechnung zu erstellen. Dabei muss der Auftragnehmer die Reihenfolge der Positionen einhalten und die in den Vertragsbestandteilen enthaltenen Bezeichnungen verwenden. Die prüfbare Schlussrechnung ist mit Nachweisen über Art und Umfang der Leistung, den erforderlichen Mengenberechnungen (Aufmaß), Zeichnungen und anderen vertraglich vereinbarten Unterlagen zu versehen. Änderungen und Ergänzungen, also Nachtragsforderungen, sind besonders zu kennzeichnen und auf Verlangen des Auftraggebers gesondert abzurechnen.

Der Auftragnehmer muss innerhalb von 12 Werktagen nach Fertigstellung seiner Bauleistung die Schlussrechnung erstellen, diese Frist wird um je 6 Werktage für je weitere 3 Monate Ausführungsfrist verlängert gemäß § 14 Abs. 3 VOB/B. Bei der Frage der Prüffähigkeit der Rechnung ist auf das Kontrollinteresse des Auftraggebers abzustellen, das für den Umfang und die Differenzierung der für die Schlussrechnungsprüfung erforderlichen Angaben maßgeblich ist.

In die Schlussrechnung mit aufzunehmen sind vertraglich vereinbarte Abzüge, also Nachlässe, Skonti, Umlagen und Sicherheitseinbehalte, sofern sie wirksam vereinbart worden sind. Von der Schlussrechnung sind lediglich die tatsächlich geleisteten Abschlagszahlungen abzuziehen.

Sobald die Schlussrechnung gelegt wurde bzw. die Schlussrechnungsreife mit Ablauf der Fristen gemäß § 14 Abs. 3 VOB/B eingetreten ist, können Abschlagszahlungen nicht mehr geltend gemacht werden.

Der Anspruch auf Schlusszahlung wird alsbald nach Prüfung und Feststellung fällig, spätestens innerhalb von 30 Tagen nach Zugang. Einzelvertraglich kann die Frist auf höchstens 60 Tage verlängert werden, wenn aufgrund der besonderen Natur oder Merkmale diese Verlängerung sachlich gerechtfertigt ist und ausdrücklich vertraglich geregelt wurde. Diese Vereinbarung kommt insbesondere dann zum Tragen, wenn die Schlussrechnungsprüfung komplex und besonderer fachtechnischer Sachverstand erforderlich ist.

Die Notwendigkeit, die Zahlungs-, Überprüfungs- oder Abnahmefristen aus Sicht des Auftragnehmers zu beschleunigen, hat der Gesetzgeber erkannt und mit Wirkung zum 01.07.2014 in § 271 a BGB aufgenommen. Diese Regelung gilt auch für öffentliche Auftraggeber. Insbesondere wird festgestellt, dass Vereinbarungen, nach denen die Zeit für die Überprüfung oder Abnahme der Gegenleistung mehr als 30 Tage ab Empfang der Gegenleistung beträgt, nur wirksam ist, wenn sie ausdrücklich vereinbart und im Hinblick auf die Interessen des Auftragnehmers nicht grob unbillig ist. Eine Vereinbarung, wonach der Auftragnehmer die Zahlung erst nach mehr als 60 Tagen ab Empfang der Gegenleistung verlangen kann, ist unwirksam.

Der Auftragnehmer sollte nicht außer Acht lassen, dass die VOB/B gemäß § 14 Abs. 4 dem Auftraggeber das Recht einräumt, nach Fristsetzung auf Kosten des Auftragnehmers selbst eine prüfbare Rechnung zu erstellen.

Vermerk für den internen Betriebsablauf:

- Zustellungskontrolle der Schlussrechnung nebst allen Nachweisen, Berechnungen und vertraglich vereinbarten Unterlagen sicherstellen, damit Fälligkeit des Anspruches beweisbar ist
- Zahlungseingang kontrollieren

Abs. Auftragnehmer

An Auftraggeber
Adresse

Ort, Datum

Gewerk: ....

Bauvorhaben: ....

in ....

Erstellung und Zustellung der prüffähigen Schlussrechnung gemäß § 16 Abs. 3 Nr. 1 VOB/B

Sehr geehrte Damen und Herren,

anbei übersenden wir Ihnen unsere Schlussrechnung vom .... über € ....

Vertragsgemäß erhalten Sie in der Anlage folgende Leistungsnachweise, Berechnungen und die vertraglich vereinbarten Unterlagen: ....

Damit ist die Prüffähigkeit der Schlussrechnung gegeben. Die Abnahme unserer Leistungen ist erfolgt.

Der Anspruch auf Schlussrechnungszahlung ist gemäß unserer Vereinbarung binnen 30 Tagen nach Zugang dieser Rechnung zur Zahlung fällig.

Wir bitten um Zahlung auf unser Konto IBAN .... bei ....

Mit freundlichen Grüßen

Auftragnehmer

Nachfristsetzung zur Zahlung der Schlussrechnung gemäß § 16 Abs. 5 Nr. 3 VOB/B

Vorbemerkung

Zahlt der Auftraggeber nach Eintritt der Fälligkeit den offenen Schlussrechnungsbetrag nicht, löst dies noch keinen Zinsanspruch aus. In der Praxis wird seitens der Auftragnehmer immer wieder übersehen, dass nach Fälligkeit der Auftraggeber gemahnt werden muss, um den Zinsanspruch auszulösen. In § 16 Abs. 5 Nr. 3 VOB/B wird dem Auftraggeber eine angemessene Nachfrist gewährt, binnen der er den fälligen Werklohn ohne Verzinsungsanspruch leisten kann. Der Auftraggeber kommt jedoch, ohne dass es einer Nachfristsetzung bedarf, spätestens 30 Tage nach Zugang der Rechnung in Zahlungsverzug, wenn der Auftragnehmer seine Verpflichtungen erfüllt, aber den fälligen Entgeltbetrag nicht rechtzeitig erhalten hat. Allerdings eröffnet die VOB/B dem Auftraggeber unter besonderen Voraussetzungen eine Verlängerung der Frist auf insgesamt 60 Tage, wenn dies aufgrund der besonderen Natur oder Merkmale der Vereinbarung sachlich gerechtfertigt ist oder ausdrücklich vereinbart wurde. Ob die Voraussetzungen gegeben sind, muss im Einzelfall geprüft werden.

Der Auftragnehmer hat vom Ende der Zahlungsfrist an Anspruch auf Zinsen in Höhe von 9 % über Basiszinssatz (§ 288 Abs. 2 BGB). Darüber hinaus eröffnet die VOB/B dem Auftragnehmer die Möglichkeit, einen höheren Verzugsschaden, als die gesetzlich festgesetzten Zinsen geltend zu machen, wenn er einen entsprechenden Nachweis hierzu führen kann.

Vermerk für den internen Betriebsablauf:

- Zustellung der Nachfristsetzung kontrollieren
- Zahlungseingang kontrollieren
- Prüfen möglicher gerichtlicher Maßnahmen zur Sicherung und Durchsetzung der Werklohnforderung

Abs. Auftragnehmer

An Auftraggeber
Adresse

Ort, Datum

Gewerk: ....

Bauvorhaben: ....

in ....

Nachfristsetzung zur Zahlung der Schlussrechnung gemäß § 16 Abs. 5 Nr. 3 VOB/B

Sehr geehrte Damen und Herren,

mit Schreiben vom .... haben wir Ihnen unsere Schlussrechnung vom .... über € .... übersandt.

Die Schlussrechnung ist nach Prüfung und Feststellung zur Zahlung fällig.

Da wir den Zahlungseingang auf unserem Konto IBAN .... bei .... nicht feststellen können, setzen wir zum Ausgleich unserer Schlussrechnungsforderung eine Nachfrist bis zum ....

Wir weisen darauf hin, dass wir nach Ablauf der Nachfrist Verzugszinsen in Höhe von 9 % über dem Basiszins berechnen.

Bei erneutem Fristablauf werden wir alle gebotenen Maßnahmen zur Sicherung und Durchsetzung unserer Werklohnforderung veranlassen.

Mit freundlichen Grüßen

Auftragnehmer

Schlusszahlungsvorbehalt und seine Begründung gegen die Schlusszahlungserklärung des Auftraggebers gemäß § 16 Abs. 3 Nr. 5 VOB/B

Vorbemerkung

Die VOB/B gilt nach Auffassung des BGH nur dann mit sämtlichen Bestimmungen als wirksam vereinbart, wenn alle Vorschriften der VOB/B ohne Abänderung (Vereinbarung der VOB/B „als Ganzes") übernommen werden, es sei denn, es handelt sich um Paragraphen, die ausdrücklich eine Abänderung im Einzelfall zulassen.

Wird die VOB/B nicht als Ganzes vereinbart, ist für sämtliche Klauseln der VOB/B die AGB-Kontrolle gemäß §§ 305 ff. BGB eröffnet. Nach Auffassung des BGH sind die Vorschriften des § 16 VOB/B über die Schlusszahlung „überraschend", sodass sie ungültig sind, wenn die VOB/B nicht als Ganzes vereinbart worden ist.

Im Zweifelsfall sollte der Auftragnehmer **immer** einer eingegangenen Schlusszahlung des Auftraggebers seine höchste Aufmerksamkeit schenken. Hier droht ein schmerzhafter Anspruchsverlust.

Die vorbehaltslose Annahme einer Schlusszahlung durch den Auftragnehmer, die der Auftraggeber als berechtigt für die erbrachten Leistungen des Auftragnehmers ansieht, schließt Nachforderungen aus, wenn im Sinne des § 16 Abs. 3 Nr. 2 oder 3 der Auftragnehmer über die Tatsache der Schlusszahlung als solcher schriftlich unterrichtet und insbesondere auf die Ausschlusswirkung hingewiesen wurde, die eintritt, wenn dieser Schlusszahlung nicht fristgerecht widersprochen wird.

Der Vorbehalt gegen eine solche Schlusszahlung des Auftraggebers ist gemäß § 16 Abs. 3 Nr. 5 VOB/B innerhalb von 28 Tagen nach Zugang der Schlusszahlungserklärung dem Auftraggeber gegenüber abzugeben.

Der Vorbehalt wird hinfällig, wenn der Auftragnehmer nicht innerhalb weiterer 28 Tage – beginnend am Tag nach Ablauf der in Satz 1 genannten 28 Tage – eine prüfbare Rechnung über die vorbehaltenen Forderungen einreicht oder zumindest den Vorbehalt eingehend begründet.

Die Fristen des § 16 Abs. 3 Nr. 5 sind Ausschlussfristen, die im Falle des Verstreichens nicht mehr geheilt werden können und Nachforderungen auf die Schlussrechnung ausschließen.

Vermerk für den internen Betriebsablauf:

- Zugangskontrolle der Vorbehaltserklärung
- Fristenkontrolle zur Begründung des Vorbehaltes innerhalb von 28 Kalendertagen ab Zugang des Vorbehaltes

Zu beachten ist, ob die Schlussrechnung alle Positionen enthält. Falls nicht, muss bei der Begründung des Vorbehalts eine weitere Berechnung erstellt werden. Ansonsten kann auf die überlassene Schlussrechnung verwiesen werden.

Die Vorbehaltsbegründung erfordert ausschließlich die Begründung der berechtigten Forderungen. Etwaige Einwendungen des Auftraggebers bezüglich der verweigerten Zahlung sind ohne Belang.

Abs. Auftragnehmer

An Auftraggeber
Adresse

Ort, Datum

Gewerk: ....

Bauvorhaben: ....

in ....

Vereinbarung vom ....

Schlusszahlungsvorbehalt und seine Begründung gegen die Schlusszahlungserklärung des Auftraggebers gemäß § 16 Abs. 3 Nr. 5 VOB/B

Sehr geehrte Damen und Herren,

Sie haben am .... eine Schlusszahlung für die von uns erbrachten Arbeiten an Ihrem Bauvorhaben geleistet. Diese Schlusszahlung deckt die uns zustehenden Werklohnansprüche aufgrund der von uns erbrachten Arbeiten nicht ab.

Wir widersprechen hiermit ausdrücklich Ihrer Schlusszahlungserklärung. Wir werden innerhalb der Frist von weiteren 28 Kalendertagen den Vorbehalt begründen und eine prüfbare Rechnung über die von uns zusätzlich verlangten Forderungen einreichen.

Mit freundlichen Grüßen

Auftragnehmer

Rückgabe des Sicherheitseinbehalts für Vertragserfüllungsansprüche gemäß § 17 Abs. 8 Nr. 1 VOB/B

Vorbemerkung

Der Auftraggeber hat eine nicht verwertete Sicherheit für die Vertragserfüllung zum vereinbarten Zeitpunkt, spätestens nach Abnahme und Stellung der Sicherheit für Mängelansprüche zurückzugeben, es sei denn, dass Ansprüche des Auftraggebers, die nicht von der gestellten Sicherheit für Mängelansprüche umfasst sind, noch nicht erfüllt sind. Dann darf der Auftraggeber für diese Vertragserfüllungsansprüche einen entsprechenden Teil der Sicherheit zurückbehalten.

Für Mängelansprüche, die sich der Auftraggeber bei Abnahme vorbehalten hat, greift nach neuer Rechtsprechung die Mängelansprüchesicherheit, weil es sich bei diesen Ansprüchen bereits um Gewährleistungsansprüche handelt. Mit Verweis auf noch nicht beseitigte Restmängel, die im Rahmen der Abnahme vorbehalten wurden, kann der Auftraggeber also die Herausgabe einer Vertragserfüllungssicherheit nicht verweigern.

Wie bereits dargestellt, muss der Auftraggeber eine nicht verwertete Sicherheit für Mängelansprüche nach Ablauf von 2 Jahren zurückgeben, falls die Parteien keinen anderen Rückgabezeitpunkt vereinbart haben. Hat allerdings der Auftraggeber zum Zeitpunkt der vereinbarten Rückgabe der Sicherheit noch Ansprüche, z. B. wegen nicht beseitigter Gewährleistungsmängel gegenüber dem Auftragnehmer, dann darf er einen entsprechenden Teil der gestellten Sicherheit zurückbehalten.

Vermerk für den internen Betriebsablauf:

- Zugangskontrolle der Auszahlungsaufforderung
- Kontrolle des Zahlungseingangs

Abs. Auftragnehmer

An Auftraggeber
Adresse

Ort, Datum

Gewerk: ....

Bauvorhaben: ....

in ....

Rückgabe des Sicherheitseinbehalts für Vertragserfüllungsansprüche gemäß § 17 Abs. 8 Nr. 1 VOB/B

Sehr geehrte Damen und Herren,

wir haben gemäß § 17 Abs. 2 und 3 VOB/B Sicherheit in Höhe von € .... für die Vertragserfüllung gemäß Vereinbarung vom .... gestellt.

Da diese Sicherheit für die Vertragserfüllung nicht verwertet werden musste und Ihnen nach Abnahme eine Sicherheit für Mängelansprüche übergeben wurde, ist

- die Bürgschaft vom .... Nr. .... herauszugeben.
- der Hinterlegungsbetrag auf dem Sperrkonto zu unseren Gunsten freizugeben.
- die Auszahlung des Einbehaltes auf unser Konto IBAN-Nr. .... bei der .... vorzunehmen.

Mit freundlichen Grüßen

Auftragnehmer

Rückgabe der Sicherheit für Mängelansprüche gemäß § 17 Abs. 8 Nr. 2 VOB/B

Vorbemerkung

Eine nicht verwertete Sicherheit für Mängelansprüche (Bürgschaft, Sicherheitseinbehalt oder verpfändetes Kontoguthaben) hat der Auftraggeber nach Ablauf von zwei Jahren nach Abnahme zurückzugeben, sofern kein anderer Rückgabezeitpunkt vereinbart worden ist. Die Frist für Mängelansprüche gemäß § 13 Abs. 4 Nr. 1 VOB/B endet später, nämlich erst nach vier Jahren (Gewährleistungsfrist nach BGB sogar fünf Jahre). Der Auftragnehmer sollte diese Frist kontrollieren und seine Mängelansprüchesicherheit nach zwei Jahren zurückfordern. Hat allerdings der Auftraggeber zum Zeitpunkt der vereinbarten Rückgabe der Sicherheit noch Ansprüche, z. B. wegen nicht beseitigter Gewährleistungsmängel gegenüber dem Auftragnehmer, dann darf er einen entsprechenden Teil der gestellten Sicherheit zurückbehalten.

Die Frist für Mängelansprüche nach den Vorschriften des § 13 VOB/B bleibt unverändert bestehen, unabhängig von der Sicherheitenstellung und der Rückgabeverpflichtung gemäß § 17 Abs. 8 Nr. 2 VOB/B.

Vermerk für internen Betriebsablauf:

- Abnahmezeitpunkt und Stellung der Sicherheit überprüfen
- etwa abweichende Verjährungsfrist gemäß § 13 Abs. 4 VOB/B prüfen
- Rückgabe der Sicherheit kontrollieren und beim Sicherheitengeber zur Ausbuchung des Avals zurückgeben
- Zugangskontrolle des Aufforderungsschreibens zur Rückgabe der Sicherheit

Abs. Auftragnehmer

An Auftraggeber
Adresse

Ort, Datum

Gewerk: ....

Bauvorhaben: ....

in ....

Rückgabe der Sicherheit für Mängelansprüche vom ....

gemäß § 17 Abs. 8 Nr. 2 VOB/B

Sehr geehrte Damen und Herren,

hiermit bitten wir Sie, unsere Sicherheitsleistung für Mängelansprüche (*Sicherheit hier bezeichnen*: *Bürgschaft / Sicherheitseinbehalt / verpfändetes Kontoguthaben*)........................ bis zum .... an uns zurückzugeben.

Die Frist gemäß § 17 Abs. 8 Nr. 2 VOB/B von zwei Jahren ist abgelaufen, eine abweichende Vereinbarung über den Zeitpunkt der Rückgabe wurde nicht getroffen. Wir bitten um fristgerechte Herausgabe der Sicherheitsleistung.

Mit freundlichen Grüßen

Auftragnehmer

Anrufung der vorgesetzten Stelle wegen Meinungsverschiedenheiten bei öffentlichen Auftraggebern gemäß § 18 Abs. 2 VOB/B

Vorbemerkung

Beim Bauen sind Bauablaufstörungen und Konflikte unausweichlicher Teil des Projektmanagements. Die außergerichtliche Streitbeilegung gewinnt für die Bauwirtschaft, in der schnelle Konfliktlösungen – vor, während und nach der Bauzeit – notwendig sind, zunehmend an Bedeutung. Streitigkeiten betreffen häufig Leistungs- und Vergütungsänderungen (Nachträge), Bauzeit und Störungen im Bauablauf, die Abnahmefähigkeit eines Bauwerkes und Mängel.

Daher lohnt es sich für die Vertragsparteien, ein aktives und baubegleitendes Konfliktmanagement zu betreiben, um Ursachen für drohende Streitigkeiten rechtzeitig zu erkennen und Sachverhalte und Interessen aufzuklären, bevor die Konfliktsituation eskaliert. Streitigkeiten berechtigen den Auftragnehmer nicht dazu, die Arbeiten einzustellen.

Wegen der zu erwartenden Länge eines gerichtlichen Verfahrens sowie der damit verbundenen Kostenrisiken und des unsicheren Verfahrensausgangs ist die außergerichtliche Streitlösung gegenüber dem gerichtlichen Verfahren vorzugswürdig. Die Frage, ob eine außergerichtliche oder gerichtliche Streitklärung erforderlich ist, hängt wesentlich von der Eskalation und der Ursache des Streits ab. In der Praxis hat sich eine Vielzahl unterschiedlicher Verfahren zur außergerichtlichen Streitbeilegung bewährt, die situativ ausgewählt werden und neben dem eigenen interessenorientierten Verhandeln auch die Beteiligung Dritter mit oder ohne Entscheidungsbefugnis vorsehen.

Die außergerichtliche Streitbeilegung ist keine Modeerscheinung. Sie ist fest in der VOB/B verankert: „Vor Anrufen des Gerichts (Schiedsgericht oder ordentliches Gericht) kann jeder Teil die Schlichtung des Streitfalles durch einen Unparteiischen verlangen.“ Auch in der aktuellen Ausgabe der VOB/B (§ 18 Abs. 3) werden die Vertragsparteien dazu aufgefordert, bereits bei der Vertragsgestaltung die Bandbreite der außergerichtlichen Einigungsmöglichkeiten zu nutzen.

Zu den Klassikern der außergerichtlichen Streitbeilegung gehören Mediation, Schlichtung, Anrufung der vorgesetzten Stelle nach § 18 Abs. 2 VOB/B, Adjudikation, Schiedsgutachten und Schiedsgericht.

Gemäß § 18 Abs. 2 Nr. 1 VOB/B soll der Auftragnehmer bei Meinungsverschiedenheiten, die nach Vertragsabschluss entstehen, zunächst die der auftraggebenden Stelle unmittelbar vorgesetzte Stelle anrufen. Umstritten ist allerdings, ob die Regelung auf Gemeinden oder Kommunalverbände anwendbar ist, da es dort keine „vorgesetzte Stelle“ im Sinne von § 18 Abs. 2 VOB/B gibt.

Diese Regelungen in § 18 VOB/B können sowohl während der Bauzeit als auch nach Abnahme für die Geltendmachung von Mängelansprüchen eingesetzt werden. Nach einer Überprüfung und Aussprache soll der öffentliche Auftraggeber den Auftragnehmer von dem Ergebnis der Vergleichsverhandlungen möglichst innerhalb von zwei Monaten schriftlich in Form eines Bescheides unterrichten und auf die Rechtsfolgen in Satz 3 des § 18 Abs. 2 Nr. 1 VOB/B (Annahmefiktion nach Fristablauf von drei Monaten ab Zugang) hinweisen.

Ein solcher Bescheid ist dann ein verbindliches Angebot der Behörde, das vom Auftragnehmer durch Erklärung angenommen werden kann.

Nach Fristablauf gilt die Entscheidung als anerkannt, wenn der Auftragnehmer nicht innerhalb von drei Monaten nach Eingang des Bescheides schriftlich Einspruch beim öffentlichen Auftraggeber erhebt, wenn ihn dieser auf die Ausschlussfrist hingewiesen hat.

Für den Fall, dass Auftraggeber oder auch Auftragnehmer das Verfahren nicht weiter betreiben wollen, teilen sie das der jeweils anderen Partei schriftlich mit. Die Hemmung der Verjährung endet drei Monate nach Zugang dieser Erklärung oder des schriftlichen Bescheides.

Bei Meinungsverschiedenheiten, die vor Vertragsabschluss entstehen, sind entweder die Nachprüfungsstelle, die Vergabeprüfstelle oder die Vergabekammer zuständig.

Vermerk für den internen Betriebsablauf:

- Zugangskontrolle der Anrufung bei der „vorgesetzten Stelle"
- Terminüberwachung zur Bescheidung innerhalb von zwei Monaten nach Anrufung
- Fristenkontrolle zur Einspruchseinlegung drei Monate nach Zugang der Verbescheidung. Wird kein Einspruch eingelegt, gilt die Entscheidung als anerkannt
- Kontrolle des Verjährungsablaufes

Abs. Auftragnehmer

An Auftraggeber
Adresse

Ort, Datum

Gewerk: ....

Bauvorhaben: ....

in ....

Anrufung der vorgesetzten Stelle – § 18 Abs. 2 VOB/B wegen Meinungsverschiedenheiten

Sehr geehrte Damen und Herren,

im Rahmen der Abwicklung des am .... mit ....

geschlossenen Bauvertrages, kam es zu folgenden Unstimmigkeiten:

....

....

....

Hierüber wurde folgender Schriftverkehr geführt, den wir gemäß beiliegendem Anlagenverzeichnis samt aller Vertrags- und Abrechnungsunterlagen vorlegen.

Unter Hinweis auf § 18 Abs. 2 VOB/B rufen wir Sie als vorgesetzte Stelle zur Verbescheidung der inmitten stehenden Streitfragen an. Zu einer mündlichen Aussprache stehen wir nach entsprechender Terminabsprache gerne zur Verfügung. Sollten Sie weitere Unterlagen benötigen, bitten wir um deren Anforderung.

Von diesem Schreiben erhält die auftraggebende Stelle.................... eine Abschrift.

Mit freundlichen Grüßen

Auftragnehmer

Anlagen
erwähnt

TEIL C

3 Außergerichtliche Streitbeilegung am Bau

3.1 Meinungsverschiedenheiten – Einspruch gegen die Entscheidung der vorgesetzten Stelle

Meinungsverschiedenheiten – Einspruch gegen die Entscheidung der vorgesetzten Stelle gemäß § 18 Abs. 2 Nr. 2 VOB/B

Vorbemerkung

Nach Überprüfung einer Meinungsverschiedenheit und Aussprache soll die vorgesetzte Stelle dem Aufragnehmer das Ergebnis der Vergleichsverhandlungen schriftlich möglichst innerhalb von zwei Monaten mitteilen.

Nach Eingang des Bescheides kann der Auftragnehmer prüfen, ob er innerhalb von drei Monaten schriftlich Einspruch beim öffentlichen Auftraggeber einlegt. Unterlässt er den Einspruch, gilt die Entscheidung der vorgesetzten Stelle als anerkannt.

Will der Auftragnehmer die Entscheidung der vorgesetzten Stelle nicht akzeptieren und wurde der Einspruch innerhalb der Dreimonatsfrist nach Eingang des Bescheides eingelegt, muss der Auftragnehmer zur Durchsetzung seiner Forderung den Klageweg beim zuständigen Gericht beschreiten.

Die Verjährungsfrist für die Werklohnforderung ist zu beachten, da die Hemmung der Verjährung drei Monate nach Zugang des Bescheides endet.

Vermerk für den internen Betriebsablauf:

1. Zugang des Einspruchs beim öffentlichen Auftraggeber innerhalb von 3 Monaten nach Zugang des Bescheides gemäß § 18 Abs. 2 VOB/B kontrollieren

   Achtung: Wird kein Einspruch eingelegt, gilt die Entscheidung als anerkannt.
2. Klage vor dem gemäß § 18 Abs. 1 VOB/B benannten Gericht beantragen
3. Überwachung der Verjährungsfrist – Hemmung endet 3 Monate nach Zugang des Bescheides der vorgesetzten Stelle

Abs. Auftragnehmer

An Auftraggeber
Adresse

Ort, Datum

Gewerk: ....

Bauvorhaben: ....

in ....

Meinungsverschiedenheiten – Einspruch gegen die Entscheidung der vorgesetzten Stelle gemäß § 18 Abs. 2 Nr. 2 VOB/B

Sehr geehrte Damen und Herren,

nach Durchführung einer mündlichen Aussprache am .... hat die vorgesetzte Stelle mit Bescheid vom .... Stellung genommen, der uns am .... zugegangen ist.

Gemäß § 18 Abs. 2 VOB/B legen wir gegen diesen Bescheid Einspruch ein.

Zur Begründung führen wir aus:

....

....

....

Mit freundlichen Grüßen

Auftragnehmer

Musterbauvertrag (VOB/B)

zwischen

....

....

– nachfolgend Auftraggeber –

vertreten durch

....

....

und

....

....

– nachfolgend Auftragnehmer –

vertreten durch

....

....

(im Vertrag zu benennen sind der Name des jeweiligen Unternehmens, Vertretungsbefugnis und die genaue Adresse beider Parteien)

1. Gegenstand des Bauvertrages

Der Auftragnehmer wird mit der Ausführung folgender Leistungen beauftragt:

....

....

....

2. Die Vertretung der Vertragspartner vor Ort

Der Auftraggeber wird vor Ort vertreten durch

....

Der Auftragnehmer wird vor Ort vertreten durch

....

Die benannten Personen sind bevollmächtigt Rechtshandlungen und Erklärungen mit Wirkung für die jeweils vertretene Partei vorzunehmen und abzugeben.

3. Vertragsbestandteile sind in nachstehender Reihen- und Rangfolge:

☐ das Angebot vom ..... Anlage Nr. .....

☐ die Leistungsbeschreibung vom .... Anlage Nr. .....

☐ die Pläne vom .... mit folgenden Nr. ..... als Anlage Nr. .....

☐ das Verhandlungsprotokoll vom .... als Anlage Nr. .....

☐ die Besonderen Vertragsbedingungen vom .... als Anlage Nr. .....

☐ Zusätzliche Vertragsbedingungen als Anlage Nr. .....

☐ zusätzliche Technische Vertragsbedingungen als Anlage Nr. .....

☐ die allgemeinen Technischen Vertragsbedingungen für die Ausführung von Bauleistungen

☐ die Allgemeinen Vertragsbedingungen für die Ausführung von Bauleistungen (VOB/B)

4. Vergütung

4.1 Die Vergütung für die in Nr. 1 dieses Bauvertrages beschriebenen Leistungen erfolgt

☐ auf der Basis der im Leistungsverzeichnis beschriebenen Arbeiten als Einheitspreisvertrag mit einer vorläufigen Auftragssumme von € ....

☐ in Form einer Pauschalsumme in Höhe von € ....

☐ durch Abrechnung nach Stundenlohnvertrag

Es gelten folgende Verrechnungssätze

Meister: € .... pro Stunde

Facharbeiter 1/Obermonteur: € .... pro Stunde

Facharbeiter/Monteur: € .... pro Stunde

Helfer: € ....pro Stunde

Auszubildende: € .... pro Stunde

Stoffkosten: € ....

Gerätekosten: € ....

4.2 Zu den Preisen wird die jeweilig geltende Umsatzsteuer hinzugerechnet. Dies gilt nicht im Falle des § 13 b UStG.

4.3. Lohngleitklausel

☐ wird vereinbart

☐ wird nicht vereinbart

☐ wird wie folgt vereinbart

....

5. Ausführungsfristen

5.1 Die Ausführung der in Ziff. 1 beschriebenen Leistungen ist zu beginnen:

☐ am ....

☐ innerhalb von 12 Werktagen nach Aufforderung zur Durchführung der Leistungen durch den Auftraggeber

5.2 Die Arbeiten sind fertigzustellen

☐ bis zum ....

☐ innerhalb von .....Werktagen nach Beginn der Ausführungen

☐ gemäß dem beiliegenden Bauzeitenplan vom .... Anlage Nr. ..... bis zum ....

☐ gemäß § 5 Abs. 1 Nr. 2 VOB/B gelten folgende Einzelfristen als verbindliche Vertragsfristen vereinbart: ....

....

6. Besonderheiten der Baustelle

Für die Zugangswege wird auf Folgendes hingewiesen: ....

....

Für den Zustand des Baugrundstückes wird auf Folgendes hingewiesen: ....

....

7. Dem Auftragnehmer werden gemäß § 4 Abs. 4 VOB/B

☐ Die Lager- und Arbeitsplätze vor Ort zur Benutzung unentgeltlich überlassen.

☐ Darüber hinausgehend erforderlich werdende Lager- und Arbeitsplatzflächen hat der Auftragnehmer zu beschaffen. Die hierfür anfallenden Kosten sind durch die Vertragspreise abgegolten.

Die jeweiligen Verbrauchskosten hat der Auftragnehmer zu tragen für

☐ Baustrom ....

☐ Bauwasser ....

☐ Sonstiges

8. Bauwesenversicherung (§ 7 VOB/B)

....

....

9. Vertragsstrafe (§ 11 VOB/B)

☐ gilt als vereinbart

☐ wird nicht vereinbart

☐ im Falle des Verzugs durch Überschreitung der vereinbarten Vertragsfristen hat der Auftragnehmer zu zahlen: ....

....

10. Frist für Mängelansprüche

☐ 4 Jahre gemäß § 13 Abs. 4 Nr. 1 VOB/B

☐ in Abweichung zu den Regelungen der VOB/B wird folgende Frist vereinbart:

....

11. Rechnungen zu § 14 VOB/B

Alle Rechnungen sind in ...-facher Ausfertigung beim Auftraggeber einzureichen. Die jeweiligen Abrechnungen haben Massenberechnungen, Abrechnungsbelege/Zeichnungen/Handskizzen zu enthalten und sind jeweils in ...-facher Ausfertigung vorzulegen.

12. Zahlungen § 16 VOB/B

Es gelten die in § 16 VOB/B festgelegten Zahlungsfristen.

Zahlungen werden wie folgt vereinbart:

☐ nach Baufortschritt

☐ nach Zahlungsplan vom .... gemäß Anlage ....

13. Sicherheitsleistung § 17 VOB/B für die Sicherstellung der Gewährleistung einschließlich Schadenersatz und der Erstattung von Überzahlungen

☐ wird nicht vereinbart

☐ wird vereinbart ....

in Form von

☐ Bürgschaft ....

☐ Bar-Einbehalt

☐ ....

in Höhe von

☐ € ....

☐ € .... der Nettoangebotssumme zur Vertragserfüllung

☐ ..... % der Nettoabrechnungssumme

14. Sonstige Vereinbarungen:

....

....

....

h) § 8 Absatz 4 wurde wie folgt gefasst:

„Der Auftraggeber kann den Vertrag kündigen,

1. wenn der Auftragnehmer aus Anlass der Vergabe eine Abrede getroffen hatte, die eine unzulässige Wettbewerbsbeschränkung darstellt. Absatz 3 Nummer 1 Satz 2 und Nummer 2 bis 4 gilt entsprechend.

2. sofern dieser im Anwendungsbereich des 4. Teils des GWB geschlossen wurde,

a) wenn der Auftragnehmer wegen eines zwingenden Ausschlussgrundes zum Zeitpunkt des Zuschlags nicht hätte beauftragt werden dürfen. Absatz 3 Nummer 1 Satz 2 und Nummer 2 bis 4 gilt entsprechend.

b) bei wesentlicher Änderung des Vertrages oder bei Feststellung einer schweren Verletzung der Verträge über die Europäische Union und die Arbeitsweise der Europäischen Union durch den Europäischen Gerichtshof. Die ausgeführten Leistungen sind nach § 6 Absatz 5 abzurechnen. Etwaige Schadensersatzansprüche der Parteien bleiben unberührt.

Die Kündigung ist innerhalb von 12 Werktagen nach Bekanntwerden des Kündigungsgrundes auszusprechen."

i) Nach § 8 Absatz 4 wurde ein neuer Absatz 5 eingefügt:

„Sofern der Auftragnehmer die Leistung, ungeachtet des Anwendungsbereichs des 4. Teils des GWB, ganz oder teilweise an Nachunternehmer weitervergeben hat, steht auch ihm das Kündigungsrecht gemäß Absatz 4 Nummer 2 Buchstabe b zu, wenn der ihn als Auftragnehmer verpflichtende Vertrag (Hauptauftrag) gemäß Absatz 4 Nummer 2 Buchstabe b gekündigt wurde. Entsprechendes gilt für jeden Auftraggeber der Nachunternehmerkette, sofern sein jeweiliger Auftraggeber den Vertrag gemäß Satz 1 gekündigt hat."

j) Die bisherigen Absätze 5, 6 und 7 des § 8 werden zu den Absätzen 6, 7 und 8.

Frühere Ausgaben

DIN 1961: 1926-05, 1934-08, 1937-01, 1937-06, 1952x-11, 1973-11, 1979-10, 1988-09, 1990-07, 1992-12, 1996-06, 1998-05, 2000-12, 2002-12, 2006-10, 2010-04, 2010-08, 2012-09

Vergabe- und Vertragsordnung für Bauleistungen Teil B (VOB/B) Hinweise für die VOB/B 2016

Im Zuge der Umsetzung der Richtlinie 2014/24/EU des Europäischen Parlamentes und des Rates vom 26. Februar 2014 über die öffentliche Auftragsvergabe in deutsches Recht hat der Deutsche Vergabe- und Vertragsausschuss für Bauleistungen (DVA) Änderungen der VOB/B beschlossen, um neben der Umsetzung der vergaberechtlichen Vorschriften der Richtlinie 2014/24/EU in deutsches Vergaberecht auch die vertragsrechtlichen Vorschriften der Artikel 71 und 73 der Richtlinie 2014/24/EU in die VOB/B aufzunehmen.

Begründung der Vorschriften im Einzelnen:

Zu § 4 Absatz 8 Nummer 3 VOB/B

Durch diese Neufassung werden die Regelung des Artikels 71 Absatz 5 Unterabsatz 1, 2, 3 und 4 Buchstabe b der Richtlinie 2014/24/EU in die VOB/B aufgenommen.

Zu § 8 Absatz 4 und 5 VOB/B

Die Änderung von Absatz 4 folgt der Einfügung des § 133 in das GWB, durch den Artikel 73 der Richtlinie 2014/24/EU umgesetzt wird. Die hier normierten neuen Gründe für eine außerordentliche Kündigung durch den Auftraggeber sowie die Rechtsfolgen einer solchen Kündigung hinsichtlich Vergütung und Schadensersatz werden in die VOB/B aufgenommen und in den bisherigen Katalog der Kündigungsgründe und -folgen des § 8 integriert.

Der neue Absatz 5 ermöglicht es dem Auftragnehmer, auch seinen Nachunternehmer außerordentlich zu kündigen, sobald der Auftraggeber den Hauptauftrag wegen einer wesentlichen Vertragsänderung oder eines Vertragsverletzungsverfahrens vor dem EuGH gekündigt hat, sofern auch zwischen Auftragnehmer und Nachunternehmer die VOB/B und mithin ihr § 8 Absatz 5 vereinbart wurde. Auf diesem Wege bleibt der Auftragnehmer nicht auf die Möglichkeit zur ordentlichen Kündigung seines Nachunternehmers mit der Rechtsfolge der vollen Werklohnvergütung des Nachunternehmers verwiesen. Dieselbe Kündigungsmöglichkeit soll im Rahmen einer Nachunternehmerkette mit jeweiliger Vereinbarung der VOB/B allen folgenden Auftraggebern entsprechend zustehen.

(2) Die Vergütung wird nach den vertraglichen Einheitspreisen und den tatsächlich ausgeführten Leistungen berechnet, wenn keine andere Berechnungsart (z. B. durch Pauschalsumme, nach Stundenlohnsätzen, nach Selbstkosten) vereinbart ist.

(3) 1. Weicht die ausgeführte Menge der unter einem Einheitspreis erfassten Leistung oder Teilleistung um nicht mehr als 10 v. H. von dem im Vertrag vorgesehenen Umfang ab, so gilt der vertragliche Einheitspreis.

2. Für die über 10 v. H. hinausgehende Überschreitung des Mengenansatzes ist auf Verlangen ein neuer Preis unter Berücksichtigung der Mehr- oder Minderkosten zu vereinbaren.

3. Bei einer über 10 v. H. hinausgehenden Unterschreitung des Mengenansatzes ist auf Verlangen der Einheitspreis für die tatsächlich ausgeführte Menge der Leistung oder Teilleistung zu erhöhen, soweit der Auftragnehmer nicht durch Erhöhung der Mengen bei anderen Ordnungszahlen (Positionen) oder in anderer Weise einen Ausgleich erhält. Die Erhöhung des Einheitspreises soll im Wesentlichen dem Mehrbetrag entsprechen, der sich durch Verteilung der Baustelleneinrichtungs- und Baustellengemeinkosten und der Allgemeinen Geschäftskosten auf die verringerte Menge ergibt. Die Umsatzsteuer wird entsprechend dem neuen Preis vergütet.

4. Sind von der unter einem Einheitspreis erfassten Leistung oder Teilleistung andere Leistungen abhängig, für die eine Pauschalsumme vereinbart ist, so kann mit der Änderung des Einheitspreises auch eine angemessene Änderung der Pauschalsumme gefordert werden.

(4) Werden im Vertrag ausbedungene Leistungen des Auftragnehmers vom Auftraggeber selbst übernommen (z. B. Lieferung von Bau-, Bauhilfs- und Betriebsstoffen), so gilt, wenn nichts anderes vereinbart wird, § 8 Absatz 1 Nummer 2 entsprechend.

(5) Werden durch Änderung des Bauentwurfs oder andere Anordnungen des Auftraggebers die Grundlagen des Preises für eine im Vertrag vorgesehene Leistung geändert, so ist ein neuer Preis unter Berücksichtigung der Mehr- oder Minderkosten zu vereinbaren. Die Vereinbarung soll vor der Ausführung getroffen werden.

(6) 1. Wird eine im Vertrag nicht vorgesehene Leistung gefordert, so hat der Auftragnehmer Anspruch auf besondere Vergütung. Er muss jedoch den Anspruch dem Auftraggeber ankündigen, bevor er mit der Ausführung der Leistung beginnt.

2. Die Vergütung bestimmt sich nach den Grundlagen der Preisermittlung für die vertragliche Leistung und den besonderen Kosten der geforderten Leistung. Sie ist möglichst vor Beginn der Ausführung zu vereinbaren.

(7) 1. Ist als Vergütung der Leistung eine Pauschalsumme vereinbart, so bleibt die Vergütung unverändert. Weicht jedoch die ausgeführte Leistung von der vertraglich vorgesehenen Leistung so erheblich ab, dass ein Festhalten an der Pauschalsumme nicht zumutbar ist (§ 313 BGB), so ist auf Verlangen ein Ausgleich unter Berücksichtigung der Mehr- oder Minderkosten zu gewähren. Für die Bemessung des Ausgleichs ist von den Grundlagen der Preisermittlung auszugehen.

2. Die Regelungen der Absätze 4, 5 und 6 gelten auch bei Vereinbarung einer Pauschalsumme.

3. Wenn nichts anderes vereinbart ist, gelten die Nummern 1 und 2 auch für Pauschalsummen, die für Teile der Leistung vereinbart sind; Absatz 3 Nummer 4 bleibt unberührt.

(8) 1. Leistungen, die der Auftragnehmer ohne Auftrag oder unter eigenmächtiger Abweichung vom Auftrag ausführt, werden nicht vergütet. Der Auftragnehmer hat sie auf Verlangen innerhalb einer angemessenen Frist zu beseitigen; sonst kann es auf seine Kosten geschehen. Er haftet außerdem für andere Schäden, die dem Auftraggeber hieraus entstehen.

2. Eine Vergütung steht dem Auftragnehmer jedoch zu, wenn der Auftraggeber solche Leistungen nachträglich anerkennt. Eine Vergütung steht ihm auch zu, wenn die Leistungen für die Erfüllung des Vertrags notwendig waren, dem mutmaßlichen Willen des Auftraggebers entsprachen und ihm unverzüglich angezeigt wurden. Soweit dem Auftragnehmer eine Vergütung zusteht, gelten die Berechnungsgrundlagen für geänderte oder zusätzliche Leistungen der Absätze 5 oder 6 entsprechend.

3. Die Vorschriften des BGB über die Geschäftsführung ohne Auftrag (§§ 677 ff. BGB) bleiben unberührt.

(9) 1. Verlangt der Auftraggeber Zeichnungen, Berechnungen oder andere Unterlagen, die der Auftragnehmer nach dem Vertrag, besonders den Technischen Vertragsbedingungen oder der gewerblichen Verkehrssitte, nicht zu beschaffen hat, so hat er sie zu vergüten.

2. Lässt er vom Auftragnehmer nicht aufgestellte technische Berechnungen durch den Auftragnehmer nachprüfen, so hat er die Kosten zu tragen.

(10) Stundenlohnarbeiten werden nur vergütet, wenn sie als solche vor ihrem Beginn ausdrücklich vereinbart worden sind (§ 15).

§ 3
Ausführungsunterlagen

(1) Die für die Ausführung nötigen Unterlagen sind dem Auftragnehmer unentgeltlich und rechtzeitig zu übergeben.

2. vorhandene Zufahrtswege und Anschlussgleise,
3. vorhandene Anschlüsse für Wasser und Energie. Die Kosten für den Verbrauch und den Messer oder Zähler trägt der Auftragnehmer, mehrere Auftragnehmer tragen sie anteilig.

(5) Der Auftragnehmer hat die von ihm ausgeführten Leistungen und die ihm für die Ausführung übergebenen Gegenstände bis zur Abnahme vor Beschädigung und Diebstahl zu schützen. Auf Verlangen des Auftraggebers hat er sie vor Winterschäden und Grundwasser zu schützen, ferner Schnee und Eis zu beseitigen. Obliegt ihm die Verpflichtung nach Satz 2 nicht schon nach dem Vertrag, so regelt sich die Vergütung nach § 2 Absatz 6.

(6) Stoffe oder Bauteile, die dem Vertrag oder den Proben nicht entsprechen, sind auf Anordnung des Auftraggebers innerhalb einer von ihm bestimmten Frist von der Baustelle zu entfernen. Geschieht es nicht, so können sie auf Kosten des Auftragnehmers entfernt oder für seine Rechnung veräußert werden.

(7) Leistungen, die schon während der Ausführung als mangelhaft oder vertragswidrig erkannt werden, hat der Auftragnehmer auf eigene Kosten durch mangelfreie zu ersetzen. Hat der Auftragnehmer den Mangel oder die Vertragswidrigkeit zu vertreten, so hat er auch den daraus entstehenden Schaden zu ersetzen. Kommt der Auftragnehmer der Pflicht zur Beseitigung des Mangels nicht nach, so kann ihm der Auftraggeber eine angemessene Frist zur Beseitigung des Mangels setzen und erklären, dass er nach fruchtlosem Ablauf der Frist den Vertrag kündigen werde (§ 8 Absatz 3).

(8) 1. Der Auftragnehmer hat die Leistung im eigenen Betrieb auszuführen. Mit schriftlicher Zustimmung des Auftraggebers darf er sie an Nachunternehmer übertragen. Die Zustimmung ist nicht notwendig bei Leistungen, auf die der Betrieb des Auftragnehmers nicht eingerichtet ist. Erbringt der Auftragnehmer ohne schriftliche Zustimmung des Auftraggebers Leistungen nicht im eigenen Betrieb, obwohl sein Betrieb darauf eingerichtet ist, kann der Auftraggeber ihm eine angemessene Frist zur Aufnahme der Leistung im eigenen Betrieb setzen und erklären, dass er nach fruchtlosem Ablauf der Frist den Vertrag kündigen werde (§ 8 Absatz 3).

2. Der Auftragnehmer hat bei der Weitervergabe von Bauleistungen an Nachunternehmer die Vergabe- und Vertragsordnung für Bauleistungen Teile B und C zugrunde zu legen.

3. Der Auftragnehmer hat dem Auftraggeber die Nachunternehmer und deren Nachunternehmer ohne Aufforderung spätestens bis zum Leistungsbeginn des Nachunternehmers mit Namen, gesetzlichen Vertretern und Kontaktdaten bekannt zu geben. Auf Verlangen des Auftraggebers hat der Auftragnehmer für seine Nachunternehmer Erklärungen und Nachweise zur Eignung vorzulegen.

(9) Werden bei Ausführung der Leistung auf einem Grundstück Gegenstände von Altertums-, Kunst- oder wissenschaftlichem Wert entdeckt, so hat der Auftragnehmer vor jedem weiteren Aufdecken oder Ändern dem Auftraggeber den Fund anzuzeigen und ihm die Gegenstände nach näherer Weisung abzuliefern. Die Vergütung etwaiger Mehrkosten regelt sich nach § 2 Absatz 6. Die Rechte des Entdeckers (§ 984 BGB) hat der Auftraggeber.

(10) Der Zustand von Teilen der Leistung ist auf Verlangen gemeinsam von Auftraggeber und Auftragnehmer festzustellen, wenn diese Teile der Leistung durch die weitere Ausführung der Prüfung und Feststellung entzogen werden. Das Ergebnis ist schriftlich niederzulegen.

§ 5
Ausführungsfristen

(1) Die Ausführung ist nach den verbindlichen Fristen (Vertragsfristen) zu beginnen, angemessen zu fördern und zu vollenden. In einem Bauzeitenplan enthaltene Einzelfristen gelten nur dann als Vertragsfristen, wenn dies im Vertrag ausdrücklich vereinbart ist.

(2) Ist für den Beginn der Ausführung keine Frist vereinbart, so hat der Auftraggeber dem Auftragnehmer auf Verlangen Auskunft über den voraussichtlichen Beginn zu erteilen. Der Auftragnehmer hat innerhalb von 12 Werktagen nach Aufforderung zu beginnen. Der Beginn der Ausführung ist dem Auftraggeber anzuzeigen.

(3) Wenn Arbeitskräfte, Geräte, Gerüste, Stoffe oder Bauteile so unzureichend sind, dass die Ausführungsfristen offenbar nicht eingehalten werden können, muss der Auftragnehmer auf Verlangen unverzüglich Abhilfe schaffen.

(4) Verzögert der Auftragnehmer den Beginn der Ausführung, gerät er mit der Vollendung in Verzug, oder kommt er der in Absatz 3 erwähnten Verpflichtung nicht nach, so kann der Auftraggeber bei Aufrechterhaltung des Vertrages Schadensersatz nach § 6 Absatz 6 verlangen oder dem Auftragnehmer eine angemessene Frist zur Vertragserfüllung setzen und erklären, dass er nach fruchtlosem Ablauf der Frist den Vertrag kündigen werde (§ 8 Absatz 3).

§ 6
Behinderung und Unterbrechung der Ausführung

(1) Glaubt sich der Auftragnehmer in der ordnungsgemäßen Ausführung der Leistung behindert, so hat er es dem Auftraggeber unverzüglich schriftlich anzuzeigen. Unterlässt er die Anzeige, so hat er nur dann Anspruch auf Berücksichtigung der hindernden Umstände, wenn dem Auftraggeber offenkundig die Tatsache und deren hindernde Wirkung bekannt waren.

Zeit der Abnahme frei von Sachmängeln, wenn sie die vereinbarte Beschaffenheit hat und den anerkannten Regeln der Technik entspricht. Ist die Beschaffenheit nicht vereinbart, so ist die Leistung zur Zeit der Abnahme frei von Sachmängeln,

1. wenn sie sich für die nach dem Vertrag vorausgesetzte,

sonst

2. für die gewöhnliche Verwendung eignet und eine Beschaffenheit aufweist, die bei Werken der gleichen Art üblich ist und die der Auftraggeber nach der Art der Leistung erwarten kann.

(2) Bei Leistungen nach Probe gelten die Eigenschaften der Probe als vereinbarte Beschaffenheit, soweit nicht Abweichungen nach der Verkehrssitte als bedeutungslos anzusehen sind. Dies gilt auch für Proben, die erst nach Vertragsabschluss als solche anerkannt sind.

(3) Ist ein Mangel zurückzuführen auf die Leistungsbeschreibung oder auf Anordnungen des Auftraggebers, auf die von diesem gelieferten oder vorgeschriebenen Stoffe oder Bauteile oder die Beschaffenheit der Vorleistung eines anderen Unternehmers, haftet der Auftragnehmer, es sei denn, er hat die ihm nach § 4 Absatz 3 obliegende Mitteilung gemacht.

(4) 1. Ist für Mängelansprüche keine Verjährungsfrist im Vertrag vereinbart, so beträgt sie für Bauwerke 4 Jahre, für andere Werke, deren Erfolg in der Herstellung, Wartung oder Veränderung einer Sache besteht, und für die vom Feuer berührten Teile von Feuerungsanlagen 2 Jahre. Abweichend von Satz 1 beträgt die Verjährungsfrist für feuerberührte und abgasdämmende Teile von industriellen Feuerungsanlagen 1 Jahr.

2. Ist für Teile von maschinellen und elektrotechnischen/elektronischen Anlagen, bei denen die Wartung Einfluss auf Sicherheit und Funktionsfähigkeit hat, nichts anderes vereinbart, beträgt für diese Anlagenteile die Verjährungsfrist für Mängelansprüche abweichend von Nummer 1 zwei Jahre, wenn der Auftraggeber sich dafür entschieden hat, dem Auftragnehmer die Wartung für die Dauer der Verjährungsfrist nicht zu übertragen; dies gilt auch, wenn für weitere Leistungen eine andere Verjährungsfrist vereinbart ist.

3. Die Frist beginnt mit der Abnahme der gesamten Leistung; nur für in sich abgeschlossene Teile der Leistung beginnt sie mit der Teilabnahme (§ 12 Absatz 2).

(5) 1. Der Auftragnehmer ist verpflichtet, alle während der Verjährungsfrist hervortretenden Mängel, die auf vertragswidrige Leistung zurückzuführen sind, auf seine Kosten zu beseitigen, wenn es der Auftraggeber vor Ablauf der Frist schriftlich verlangt. Der Anspruch auf Beseitigung der gerügten Mängel verjährt in 2 Jahren, gerechnet vom Zugang des schriftlichen Verlangens an, jedoch nicht vor Ablauf der Regelfristen nach Absatz 4 oder

der an ihrer Stelle vereinbarten Frist. Nach Abnahme der Mängelbeseitigungsleistung beginnt für diese Leistung eine Verjährungsfrist von 2 Jahren neu, die jedoch nicht vor Ablauf der Regelfristen nach Absatz 4 oder der an ihrer Stelle vereinbarten Frist endet.

2. Kommt der Auftragnehmer der Aufforderung zur Mängelbeseitigung in einer vom Auftraggeber gesetzten angemessenen Frist nicht nach, so kann der Auftraggeber die Mängel auf Kosten des Auftragnehmers beseitigen lassen.

(6) Ist die Beseitigung des Mangels für den Auftraggeber unzumutbar oder ist sie unmöglich oder würde sie einen unverhältnismäßig hohen Aufwand erfordern und wird sie deshalb vom Auftragnehmer verweigert, so kann der Auftraggeber durch Erklärung gegenüber dem Auftragnehmer die Vergütung mindern (§ 638 BGB).

(7) 1. Der Auftragnehmer haftet bei schuldhaft verursachten Mängeln für Schäden aus der Verletzung des Lebens, des Körpers oder der Gesundheit.

2. Bei vorsätzlich oder grob fahrlässig verursachten Mängeln haftet er für alle Schäden.

3. Im Übrigen ist dem Auftraggeber der Schaden an der baulichen Anlage zu ersetzen, zu deren Herstellung, Instandhaltung oder Änderung die Leistung dient, wenn ein wesentlicher Mangel vorliegt, der die Gebrauchsfähigkeit erheblich beeinträchtigt und auf ein Verschulden des Auftragnehmers zurückzuführen ist. Einen darüber hinausgehenden Schaden hat der Auftragnehmer nur dann zu ersetzen,

a) wenn der Mangel auf einem Verstoß gegen die anerkannten Regeln der Technik beruht,

b) wenn der Mangel in dem Fehlen einer vertraglich vereinbarten Beschaffenheit besteht oder

c) soweit der Auftragnehmer den Schaden durch Versicherung seiner gesetzlichen Haftpflicht gedeckt hat oder durch eine solche zu tarifmäßigen, nicht auf außergewöhnliche Verhältnisse abgestellten Prämien und Prämienzuschlägen bei einem im Inland zum Geschäftsbetrieb zugelassenen Versicherer hätte decken können.

4. Abweichend von Absatz 4 gelten die gesetzlichen Verjährungsfristen, soweit sich der Auftragnehmer nach Nummer 3 durch Versicherung geschützt hat oder hätte schützen können oder soweit ein besonderer Versicherungsschutz vereinbart ist.

5. Eine Einschränkung oder Erweiterung der Haftung kann in begründeten Sonderfällen vereinbart werden.

§ 14
Abrechnung

(1) Der Auftragnehmer hat seine Leistungen prüfbar abzurechnen. Er hat die Rechnungen übersichtlich aufzustellen und dabei die Reihenfolge der Posten einzuhalten und die in den Vertragsbestandteilen enthaltenen Bezeichnungen zu verwenden. Die zum Nachweis von Art und Umfang der Leistung erforderlichen Mengenberechnungen, Zeichnungen und andere Belege sind beizufügen. Änderungen und Ergänzungen des Vertrags sind in der Rechnung besonders kenntlich zu machen; sie sind auf Verlangen getrennt abzurechnen.

(2) Die für die Abrechnung notwendigen Feststellungen sind dem Fortgang der Leistung entsprechend möglichst gemeinsam vorzunehmen. Die Abrechnungsbestimmungen in den Technischen Vertragsbedingungen und den anderen Vertragsunterlagen sind zu beachten. Für Leistungen, die bei Weiterführung der Arbeiten nur schwer feststellbar sind, hat der Auftragnehmer rechtzeitig gemeinsame Feststellungen zu beantragen.

(3) Die Schlussrechnung muss bei Leistungen mit einer vertraglichen Ausführungsfrist von höchstens 3 Monaten spätestens 12 Werktage nach Fertigstellung eingereicht werden, wenn nichts anderes vereinbart ist; diese Frist wird um je 6 Werktage für je weitere 3 Monate Ausführungsfrist verlängert.

(4) Reicht der Auftragnehmer eine prüfbare Rechnung nicht ein, obwohl ihm der Auftraggeber dafür eine angemessene Frist gesetzt hat, so kann sie der Auftraggeber selbst auf Kosten des Auftragnehmers aufstellen.

§ 15
Stundenlohnarbeiten

(1) 1. Stundenlohnarbeiten werden nach den vertraglichen Vereinbarungen abgerechnet.

2. Soweit für die Vergütung keine Vereinbarungen getroffen worden sind, gilt die ortsübliche Vergütung. Ist diese nicht zu ermitteln, so werden die Aufwendungen des Auftragnehmers für Lohn- und Gehaltskosten der Baustelle, Lohn- und Gehaltsnebenkosten der Baustelle, Stoffkosten der Baustelle, Kosten der Einrichtungen, Geräte, Maschinen und maschinellen Anlagen der Baustelle, Fracht-, Fuhr- und Ladekosten, Sozialkassenbeiträge und Sonderkosten, die bei wirtschaftlicher Betriebsführung entstehen, mit angemessenen Zuschlägen für Gemeinkosten und Gewinn (einschließlich allgemeinem Unternehmerwagnis) zuzüglich Umsatzsteuer vergütet.

(2) Verlangt der Auftraggeber, dass die Stundenlohnarbeiten durch einen Polier oder eine andere Aufsichtsperson beaufsichtigt werden, oder ist die Aufsicht nach den einschlägigen Unfallverhütungsvorschriften notwendig, so gilt Absatz 1 entsprechend.

(3) Dem Auftraggeber ist die Ausführung von Stundenlohnarbeiten vor Beginn anzuzeigen. Über die geleisteten Arbeitsstunden und den dabei erforderlichen, besonders zu vergütenden Aufwand für den Verbrauch von Stoffen, für Vorhaltung von Einrichtungen, Geräten, Maschinen und maschinellen Anlagen, für Frachten, Fuhr- und Ladeleistungen sowie etwaige Sonderkosten sind, wenn nichts anderes vereinbart ist, je nach der Verkehrssitte werktäglich oder wöchentlich Listen (Stundenlohnzettel) einzureichen. Der Auftraggeber hat die von ihm bescheinigten Stundenlohnzettel unverzüglich, spätestens jedoch innerhalb von 6 Werktagen nach Zugang, zurückzugeben. Dabei kann er Einwendungen auf den Stundenlohnzetteln oder gesondert schriftlich erheben. Nicht fristgemäß zurückgegebene Stundenlohnzettel gelten als anerkannt.

(4) Stundenlohnrechnungen sind alsbald nach Abschluss der Stundenlohnarbeiten, längstens jedoch in Abständen von 4 Wochen, einzureichen. Für die Zahlung gilt § 16.

(5) Wenn Stundenlohnarbeiten zwar vereinbart waren, über den Umfang der Stundenlohnleistungen aber mangels rechtzeitiger Vorlage der Stundenlohnzettel Zweifel bestehen, so kann der Auftraggeber verlangen, dass für die nachweisbar ausgeführten Leistungen eine Vergütung vereinbart wird, die nach Maßgabe von Absatz 1 Nummer 2 für einen wirtschaftlich vertretbaren Aufwand an Arbeitszeit und Verbrauch von Stoffen, für Vorhaltung von Einrichtungen, Geräten, Maschinen und maschinellen Anlagen, für Frachten, Fuhr- und Ladeleistungen sowie etwaige Sonderkosten ermittelt wird.

§ 16
Zahlung

(1) 1. Abschlagszahlungen sind auf Antrag in möglichst kurzen Zeitabständen oder zu den vereinbarten Zeitpunkten zu gewähren, und zwar in Höhe des Wertes der jeweils nachgewiesenen vertragsgemäßen Leistungen einschließlich des ausgewiesenen, darauf entfallenden Umsatzsteuerbetrages. Die Leistungen sind durch eine prüfbare Aufstellung nachzuweisen, die eine rasche und sichere Beurteilung der Leistungen ermöglichen muss. Als Leistungen gelten hierbei auch die für die geforderte Leistung eigens angefertigten und bereitgestellten Bauteile sowie die auf der Baustelle angelieferten Stoffe und Bauteile, wenn dem Auftraggeber nach seiner Wahl das Eigentum an ihnen übertragen ist oder entsprechende Sicherheit gegeben wird.

2. Gegenforderungen können einbehalten werden. Andere Einbehalte sind nur in den im Vertrag und in den gesetzlichen Bestimmungen vorgesehenen Fällen zulässig.

3. Ansprüche auf Abschlagszahlungen werden binnen 21 Tagen nach Zugang der Aufstellung fällig.

4. Die Abschlagszahlungen sind ohne Einfluss auf die Haftung des Auftragnehmers; sie gelten nicht als Abnahme von Teilen der Leistung.

(2) 1. Vorauszahlungen können auch nach Vertragsabschluss vereinbart werden; hierfür ist auf Verlangen des Auftraggebers ausreichende Sicherheit zu leisten. Diese Vorauszahlungen sind, sofern nichts anderes vereinbart wird, mit 3 v. H. über dem Basiszinssatz des § 247 BGB zu verzinsen.

2. Vorauszahlungen sind auf die nächstfälligen Zahlungen anzurechnen, soweit damit Leistungen abzugelten sind, für welche die Vorauszahlungen gewährt worden sind.

(3) 1. Der Anspruch auf Schlusszahlung wird alsbald nach Prüfung und Feststellung fällig, spätestens innerhalb von 30 Tagen nach Zugang der Schlussrechnung. Die Frist verlängert sich auf höchstens 60 Tage, wenn sie aufgrund der besonderen Natur oder Merkmale der Vereinbarung sachlich gerechtfertigt ist und ausdrücklich vereinbart wurde. Werden Einwendungen gegen die Prüfbarkeit unter Angabe der Gründe nicht bis zum Ablauf der jeweiligen Frist erhoben, kann der Auftraggeber sich nicht mehr auf die fehlende Prüfbarkeit berufen. Die Prüfung der Schlussrechnung ist nach Möglichkeit zu beschleunigen. Verzögert sie sich, so ist das unbestrittene Guthaben als Abschlagszahlung sofort zu zahlen.

2. Die vorbehaltlose Annahme der Schlusszahlung schließt Nachforderungen aus, wenn der Auftragnehmer über die Schlusszahlung schriftlich unterrichtet und auf die Ausschlusswirkung hingewiesen wurde.

3. Einer Schlusszahlung steht es gleich, wenn der Auftraggeber unter Hinweis auf geleistete Zahlungen weitere Zahlungen endgültig und schriftlich ablehnt.

4. Auch früher gestellte, aber unerledigte Forderungen werden ausgeschlossen, wenn sie nicht nochmals vorbehalten werden.

5. Ein Vorbehalt ist innerhalb von 28 Tagen nach Zugang der Mitteilung nach den Nummern 2 und 3 über die Schlusszahlung zu erklären. Er wird hinfällig, wenn nicht innerhalb von weiteren 28 Tagen — beginnend am Tag nach Ablauf der in Satz 1 genannten 28 Tage — eine prüfbare Rechnung über die vorbehaltenen Forderungen eingereicht oder, wenn das nicht möglich ist, der Vorbehalt eingehend begründet wird.

6. Die Ausschlussfristen gelten nicht für ein Verlangen nach Richtigstellung der Schlussrechnung und -zahlung wegen Aufmaß-, Rechen- und Übertragungsfehlern.

(4) In sich abgeschlossene Teile der Leistung können nach Teilabnahme ohne Rücksicht auf die Vollendung der übrigen Leistungen endgültig festgestellt und bezahlt werden.

(5) 1. Alle Zahlungen sind aufs Äußerste zu beschleunigen.

2. Nicht vereinbarte Skontoabzüge sind unzulässig.

3. Zahlt der Auftraggeber bei Fälligkeit nicht, so kann ihm der Auftragnehmer eine angemessene Nachfrist setzen. Zahlt er auch innerhalb der Nachfrist nicht, so hat der Auftragnehmer vom Ende der Nachfrist an Anspruch auf Zinsen in Höhe der in § 288 Absatz 2 BGB angegebenen Zinssätze, wenn er nicht einen höheren Verzugsschaden nachweist. Der Auftraggeber kommt jedoch, ohne dass es einer Nachfristsetzung bedarf, spätestens 30 Tage nach Zugang der Rechnung oder der Aufstellung bei Abschlagszahlungen in Zahlungsverzug, wenn der Auftragnehmer seine vertraglichen und gesetzlichen Verpflichtungen erfüllt und den fälligen Entgeltbetrag nicht rechtzeitig erhalten hat, es sei denn, der Auftraggeber ist für den Zahlungsverzug nicht verantwortlich. Die Frist verlängert sich auf höchstens 60 Tage, wenn sie aufgrund der besonderen Natur oder Merkmale der Vereinbarung sachlich gerechtfertigt ist und ausdrücklich vereinbart wurde.

4. Der Auftragnehmer darf die Arbeiten bei Zahlungsverzug bis zur Zahlung einstellen, sofern eine dem Auftraggeber zuvor gesetzte angemessene Frist erfolglos verstrichen ist.

(6) Der Auftraggeber ist berechtigt, zur Erfüllung seiner Verpflichtungen aus den Absätzen 1 bis 5 Zahlungen an Gläubiger des Auftragnehmers zu leisten, soweit sie an der Ausführung der vertraglichen Leistung des Auftragnehmers aufgrund eines mit diesem abgeschlossenen Dienst- oder Werkvertrags beteiligt sind, wegen Zahlungsverzugs des Auftragnehmers die Fortsetzung ihrer Leistung zu Recht verweigern und die Direktzahlung die Fortsetzung der Leistung sicherstellen soll. Der Auftragnehmer ist verpflichtet, sich auf Verlangen des Auftraggebers innerhalb einer von diesem gesetzten Frist darüber zu erklären, ob und inwieweit er die Forderungen seiner Gläubiger anerkennt; wird diese Erklärung nicht rechtzeitig abgegeben, so gelten die Voraussetzungen für die Direktzahlung als anerkannt.

DIN 18329, *VOB Vergabe und Vertragsordnung für Bauleistungen Teil C: Allgemeine Technische Vertragsbedingungen für Bauleistungen (ATV) — Verkehrssicherungsarbeiten*

DIN 18330, *VOB Vergabe- und Vertragsordnung für Bauleistungen — Teil C: Allgemeine Technische Vertragsbedingungen für Bauleistungen (ATV) — Mauerarbeiten*

DIN 18331, *VOB Vergabe- und Vertragsordnung für Bauleistungen — Teil C: Allgemeine Technische Vertragsbedingungen für Bauleistungen (ATV) — Betonarbeiten*

DIN 18332, *VOB Vergabe- und Vertragsordnung für Bauleistungen — Teil C: Allgemeine Technische Vertragsbedingungen für Bauleistungen (ATV) — Naturwerksteinarbeiten*

DIN 18333, *VOB Vergabe- und Vertragsordnung für Bauleistungen — Teil C: Allgemeine Technische Vertragsbedingungen für Bauleistungen (ATV) — Betonwerksteinarbeiten*

DIN 18334, *VOB Vergabe- und Vertragsordnung für Bauleistungen — Teil C: Allgemeine Technische Vertragsbedingungen für Bauleistungen (ATV) — Zimmer- und Holzbauarbeiten*

DIN 18335, *VOB Vergabe- und Vertragsordnung für Bauleistungen — Teil C: Allgemeine Technische Vertragsbedingungen für Bauleistungen (ATV) — Stahlbauarbeiten*

DIN 18336, *VOB Vergabe- und Vertragsordnung für Bauleistungen — Teil C: Allgemeine Technische Vertragsbedingungen für Bauleistungen (ATV) — Abdichtungsarbeiten*

DIN 18338, *VOB Vergabe- und Vertragsordnung für Bauleistungen — Teil C: Allgemeine Technische Vertragsbedingungen für Bauleistungen (ATV) — Dachdeckungsarbeiten*

DIN 18339, *VOB Vergabe- und Vertragsordnung für Bauleistungen — Teil C: Allgemeine Technische Vertragsbedingungen für Bauleistungen (ATV) — Klempnerarbeiten*

DIN 18340, *VOB Vergabe- und Vertragsordnung für Bauleistungen — Teil C: Allgemeine Technische Vertragsbedingungen für Bauleistungen (ATV) — Trockenbauarbeiten*

DIN 18345, *VOB Vergabe- und Vertragsordnung für Bauleistungen — Teil C: Allgemeine Technische Vertragsbedingungen für Bauleistungen (ATV) — Wärmedämm-Verbundsysteme*

DIN 18349, *VOB Vergabe- und Vertragsordnung für Bauleistungen — Teil C: Allgemeine Technische Vertragsbedingungen für Bauleistungen (ATV) — Betonerhaltungsarbeiten*

DIN 18350, *VOB Vergabe- und Vertragsordnung für Bauleistungen — Teil C: Allgemeine Technische Vertragsbedingungen für Bauleistungen (ATV) — Putz- und Stuckarbeiten*

DIN 18351, *VOB Vergabe- und Vertragsordnung für Bauleistungen — Teil C: Allgemeine Technische Vertragsbedingungen für Bauleistungen (ATV) — Vorgehängte Hinterlüftete Fassaden*

DIN 18352, *VOB Vergabe- und Vertragsordnung für Bauleistungen — Teil C: Allgemeine Technische Vertragsbedingungen für Bauleistungen (ATV) — Fliesen- und Plattenarbeiten*

DIN 18353, *VOB Vergabe- und Vertragsordnung für Bauleistungen — Teil C: Allgemeine Technische Vertragsbedingungen für Bauleistungen (ATV) — Estricharbeiten*

DIN 18354, *VOB Vergabe- und Vertragsordnung für Bauleistungen — Teil C: Allgemeine Technische Vertragsbedingungen für Bauleistungen (ATV) — Gussasphaltarbeiten*

DIN 18355, *VOB Vergabe- und Vertragsordnung für Bauleistungen — Teil C: Allgemeine Technische Vertragsbedingungen für Bauleistungen (ATV) — Tischlerarbeiten*

DIN 18356, *VOB Vergabe- und Vertragsordnung für Bauleistungen — Teil C: Allgemeine Technische Vertragsbedingungen für Bauleistungen (ATV) — Parkett- und Holzpflasterarbeiten*

DIN 18357, *VOB Vergabe und Vertragsordnung für Bauleistungen — Teil C: Allgemeine Technische Vertragsbedingungen für Bauleistungen (ATV) — Beschlagarbeiten*

DIN 18358, *VOB Vergabe- und Vertragsordnung für Bauleistungen — Teil C: Allgemeine Technische Vertragsbedingungen für Bauleistungen (ATV) — Rollladenarbeiten*

DIN 18360, *VOB Vergabe- und Vertragsordnung für Bauleistungen — Teil C: Allgemeine Technische Vertragsbedingungen für Bauleistungen (ATV) — Metallbauarbeiten*

DIN 18361, *VOB Vergabe- und Vertragsordnung für Bauleistungen — Teil C: Allgemeine Technische Vertragsbedingungen für Bauleistungen (ATV) — Verglasungsarbeiten*

DIN 18363, *VOB Vergabe- und Vertragsordnung für Bauleistungen — Teil C: Allgemeine Technische Vertragsbedingungen für Bauleistungen (ATV) — Maler- und Lackiererarbeiten — Beschichtungen*

DIN 18364, *VOB Vergabe- und Vertragsordnung für Bauleistungen — Teil C: Allgemeine Technische Vertragsbedingungen für Bauleistungen (ATV) — Korrosionsschutzarbeiten an Stahlbauten*

DIN 18365, *VOB Vergabe- und Vertragsordnung für Bauleistungen — Teil C: Allgemeine Technische Vertragsbedingungen für Bauleistungen (ATV) — Bodenbelagarbeiten*

DIN 18366, *VOB Vergabe- und Vertragsordnung für Bauleistungen — Teil C: Allgemeine Technische Vertragsbedingungen für Bauleistungen (ATV) — Tapezierarbeiten*

DIN 18379, *VOB Vergabe- und Vertragsordnung für Bauleistungen — Teil C: Allgemeine Technische Vertragsbedingungen für Bauleistungen (ATV) — Raumlufttechnische Anlagen*

DIN 18380, *VOB Vergabe- und Vertragsordnung für Bauleistungen — Teil C: Allgemeine Technische Vertragsbedingungen für Bauleistungen (ATV) — Heizanlagen und zentrale Wassererwärmungsanlagen*

DIN 18381, *VOB Vergabe- und Vertragsordnung für Bauleistungen — Teil C: Allgemeine Technische Vertragsbedingungen für Bauleistungen (ATV) — Gas-, Wasser- und Entwässerungsanlagen innerhalb von Gebäuden*

DIN 18382, *VOB Vergabe- und Vertragsordnung für Bauleistungen — Teil C: Allgemeine Technische Vertragsbedingungen für Bauleistungen (ATV) — Elektro-, Sicherheits- und Informationstechnische Anlagen*

DIN 18384, *VOB Vergabe- und Vertragsordnung für Bauleistungen — Teil C: Allgemeine Technische Vertragsbedingungen für Bauleistungen (ATV) — Blitzschutz-, Überspannungsschutz- und Erdungsanlagen*

DIN 18385, *VOB Vergabe- und Vertragsordnung für Bauleistungen — Teil C: Allgemeine Technische Vertragsbedingungen für Bauleistungen (ATV) — Aufzugsanlagen, Fahrtreppen und Fahrsteige sowie Förderanlagen*

DIN 18386, *VOB Vergabe- und Vertragsordnung für Bauleistungen — Teil C: Allgemeine Technische Vertragsbedingungen für Bauleistungen (ATV) — Gebäudeautomation*

DIN 18421, *VOB Vergabe- und Vertragsordnung für Bauleistungen — Teil C: Allgemeine Technische Vertragsbedingungen für Bauleistungen (ATV) — Dämm- und Brandschutzarbeiten an technischen Anlagen*

DIN 18451, *VOB Vergabe- und Vertragsordnung für Bauleistungen — Teil C: Allgemeine Technische Vertragsbedingungen für Bauleistungen (ATV) — Gerüstarbeiten*

DIN 18459, *VOB Vergabe- und Vertragsordnung für Bauleistungen — Teil C: Allgemeine Technische Vertragsbedingungen für Bauleistungen (ATV) — Abbruch- und Rückbauarbeiten*

0.1.20 *Besondere Anordnungen, Vorschriften und Maßnahmen der Eigentümer (oder der anderen Weisungsberechtigten) von Leitungen, Kabeln, Dränen, Kanälen, Straßen, Wegen, Gewässern, Gleisen, Zäunen und dergleichen im Bereich der Baustelle.*

0.1.21 *Art und Umfang von Schadstoffbelastungen, z. B. des Bodens, der Gewässer, der Luft, der Stoffe und Bauteile; vorliegende Fachgutachten oder dergleichen.*

0.1.22 *Art und Zeit der vom Auftraggeber veranlassten Vorarbeiten.*

0.1.23 *Arbeiten anderer Unternehmer auf der Baustelle.*

0.2 ***Angaben zur Ausführung***

0.2.1 *Vorgesehene Arbeitsabschnitte, Arbeitsunterbrechungen und Arbeitsbeschränkungen nach Art, Ort und Zeit sowie Abhängigkeit von Leistungen anderer.*

0.2.2 *Besondere Erschwernisse während der Ausführung, z. B. Arbeiten in Räumen, in denen der Betrieb weiterläuft, Arbeiten im Bereich von Verkehrswegen oder bei außergewöhnlichen äußeren Einflüssen.*

0.2.3 *Vorgaben, die sich aus dem SiGe-Plan gemäß Baustellenverordnung ergeben.*

0.2.4 *Art und Umfang von Leistungen zur Unfallverhütung und zum Gesundheitsschutz für Mitarbeiter anderer Unternehmen, z. B. trittsichere Abdeckungen.*

0.2.5 *Besondere Anforderungen für Arbeiten in kontaminierten Bereichen, gegebenenfalls besondere Anordnungen für Schutz- und Sicherheitsmaßnahmen.*

0.2.6 *Besondere Anforderungen an die Baustelleneinrichtung und Entsorgungseinrichtungen, z. B. Behälter für die getrennte Erfassung.*

0.2.7 *Besondere Anforderungen an das Auf- und Abbauen sowie Vorhalten von Gerüsten.*

0.2.8 *Mitbenutzung fremder Gerüste, Hebezeuge, Aufzüge, Aufenthalts- und Lagerräume, Einrichtungen und dergleichen durch den Auftragnehmer.*

0.2.9 *Wie lange, für welche Arbeiten und gegebenenfalls für welche Beanspruchung der Auftragnehmer Gerüste, Hebezeuge, Aufzüge, Aufenthalts- und Lagerräume, Einrichtungen und dergleichen für andere Unternehmer vorzuhalten hat.*

0.2.10 *Verwendung oder Mitverwendung von wiederaufbereiteten (Recycling-)Stoffen.*

0.2.11 *Anforderungen an wiederaufbereitete (Recycling-)Stoffe und an nicht genormte Stoffe und Bauteile.*

0.2.12 *Besondere Anforderungen an Art, Güte und Umweltverträglichkeit der Stoffe und Bauteile, auch z. B. an die schnelle biologische Abbaubarkeit von Hilfsstoffen.*

0.2.13 *Art und Umfang der vom Auftraggeber verlangten Eignungs- und Gütenachweise.*

0.2.14 *Unter welchen Bedingungen auf der Baustelle gewonnene Stoffe verwendet werden dürfen oder müssen oder einer anderen Verwertung zuzuführen sind.*

0.2.15 *Art, Zusammensetzung und Menge der aus dem Bereich des Auftraggebers zu entsorgenden Böden, Stoffe und Bauteile; Art der Verwertung oder bei Abfall die Entsorgungsanlage; Anforderungen an die Nachweise über Transporte, Entsorgung und die vom Auftraggeber zu tragenden Entsorgungskosten.*

0.2.16 *Art, Anzahl, Menge oder Masse der Stoffe und Bauteile, die vom Auftraggeber beigestellt werden, sowie Art, genaue Bezeichnung des Ortes und Zeit ihrer Übergabe.*

0.2.17 *In welchem Umfang der Auftraggeber Abladen, Lagern und Transport von Stoffen und Bauteilen übernimmt oder dafür dem Auftragnehmer Geräte oder Arbeitskräfte zur Verfügung stellt.*

0.2.18 *Leistungen für andere Unternehmer.*

0.2.19 *Mitwirken beim Einstellen von Anlageteilen und bei der Inbetriebnahme von Anlagen im Zusammenwirken mit anderen Beteiligten, z. B. mit dem Auftragnehmer für die Gebäudeautomation.*

0.2.20 *Benutzung von Teilen der Leistung vor der Abnahme.*

0.2.21 *Übertragung der Wartung während der Dauer der Verjährungsfrist für die Mängelansprüche für maschinelle und elektrotechnische sowie elektronische Anlagen oder Teile davon, bei denen die Wartung Einfluss auf die Sicherheit und die Funktionsfähigkeit hat (vergleiche § 13 Absatz 4 Nummer 2 VOB/B), durch einen besonderen Wartungsvertrag.*

0.2.22 *Abrechnung nach bestimmten Zeichnungen oder Tabellen.*

0.3 Einzelangaben bei Abweichungen von den ATV

0.3.1 *Wenn andere als die in den ATV DIN 18299 bis ATV DIN 18459 vorgesehenen Regelungen getroffen werden sollen, sind diese in der Leistungsbeschreibung eindeutig und im Einzelnen anzugeben.*

0.3.2 *Abweichende Regelungen von der ATV DIN 18299 können insbesondere in Betracht kommen bei*

Abschnitt 2.1.1, wenn die Lieferung von Stoffen und Bauteilen nicht zur Leistung gehören soll,

Abschnitt 2.2, wenn nur ungebrauchte Stoffe und Bauteile vorgehalten werden dürfen,

Abschnitt 2.3.1, wenn auch gebrauchte Stoffe und Bauteile geliefert werden dürfen.

0.4 Einzelangaben zu Nebenleistungen und Besonderen Leistungen

0.4.1 Nebenleistungen

Nebenleistungen (Abschnitt 4.1 aller ATV) sind in der Leistungsbeschreibung nur zu erwähnen, wenn sie ausnahmsweise selbständig vergütet werden sollen. Eine ausdrückliche Erwähnung ist geboten, wenn die Kosten der Nebenleistung von erheblicher Bedeutung für die Preisbildung sind; in diesen Fällen sind besondere Ordnungszahlen (Positionen) vorzusehen.

Dies kommt insbesondere für das Einrichten und Räumen der Baustelle in Betracht.

0.4.2 Besondere Leistungen

Werden Besondere Leistungen (Abschnitt 4.2 aller ATV) verlangt, ist dies in der Leistungsbeschreibung anzugeben; gegebenenfalls sind hierfür besondere Ordnungszahlen (Positionen) vorzusehen.

0.5 Abrechnungseinheiten

Im Leistungsverzeichnis sind die Abrechnungseinheiten für die Teilleistungen (Positionen) gemäß Abschnitt 0.5 der jeweiligen ATV anzugeben.

1 Geltungsbereich

Die ATV DIN 18299 „Allgemeine Regelungen für Bauarbeiten jeder Art" gilt für alle Bauarbeiten, auch für solche, für die keine ATV in VOB/C — ATV DIN 18300 bis ATV DIN 18459 — bestehen.

Abweichende Regelungen in den ATV DIN 18300 bis ATV DIN 18459 haben Vorrang.

2 Stoffe, Bauteile

2.1 Allgemeines

2.1.1 Die Leistungen umfassen auch die Lieferung der dazugehörigen Stoffe und Bauteile einschließlich Abladen und Lagern auf der Baustelle.

2.1.2 Stoffe und Bauteile, die vom Auftraggeber beigestellt werden, hat der Auftragnehmer rechtzeitig beim Auftraggeber anzufordern.

2.1.3 Stoffe und Bauteile müssen für den jeweiligen Verwendungszweck geeignet und aufeinander abgestimmt sein.

2.2 Vorhalten

Stoffe und Bauteile, die der Auftragnehmer nur vorzuhalten hat, die also nicht in das Bauwerk eingehen, dürfen nach Wahl des Auftragnehmers gebraucht oder ungebraucht sein.

2.3 Liefern

2.3.1 Stoffe und Bauteile, die der Auftragnehmer zu liefern und einzubauen hat, die also in das Bauwerk eingehen, müssen ungebraucht sein. Wiederaufbereitete (Recycling-)Stoffe gelten als ungebraucht, wenn sie den Bedingungen gemäß Abschnitt 2.1.3 entsprechen.

2.3.2 Stoffe und Bauteile, für die DIN-Normen bestehen, müssen den DIN-Güte- und DIN-Maßbestimmungen entsprechen.

2.3.3 Stoffe und Bauteile, die nach den behördlichen Vorschriften einer Zulassung bedürfen, müssen amtlich zugelassen sein und den Bestimmungen ihrer Zulassung entsprechen.

2.3.4 Stoffe und Bauteile, für die bestimmte technische Spezifikationen in der Leistungsbeschreibung nicht genannt sind, dürfen auch verwendet werden, wenn sie Normen, technischen Vorschriften oder sonstigen Bestimmungen anderer Staaten entsprechen, sofern das geforderte Schutzniveau in Bezug auf Sicherheit, Gesundheit und Gebrauchstauglichkeit gleichermaßen dauerhaft erreicht wird.

Sofern für Stoffe und Bauteile eine Überwachungs- oder Prüfzeichenpflicht oder der Nachweis der Brauchbarkeit, z. B. durch allgemeine bauaufsichtliche Zulassung, allgemein vorgesehen ist, kann von einer Gleichwertigkeit nur ausgegangen werden, wenn die Stoffe und Bauteile ein Überwachungs- oder Prüfzeichen tragen oder für sie der genannte Brauchbarkeitsnachweis erbracht ist.

3 Ausführung

3.1 Wenn Verkehrs-, Versorgungs- und Entsorgungsanlagen im Bereich der Baustelle liegen, sind die Vorschriften und Anordnungen der zuständigen Stellen zu beachten. Kann die Lage dieser Anlagen nicht angegeben werden, ist sie zu erkunden. Leistungen zur Erkundung derartiger Anlagen sind Besondere Leistungen (siehe Abschnitt 4.2.1).

3.2 Die für die Aufrechterhaltung des Verkehrs bestimmten Flächen sind freizuhalten. Der Zugang zu Einrichtungen der Versorgungs- und Entsorgungsbetriebe, der Feuerwehr, der Post und Bahn, zu Vermessungspunkten und dergleichen darf nicht mehr als durch die Ausführung unvermeidlich behindert werden.

3.3 Werden Schadstoffe vorgefunden, z. B. in Böden, Gewässern, Stoffen oder Bauteilen, ist dies dem Auftraggeber unverzüglich mitzuteilen. Bei Gefahr im Verzug hat der Auftragnehmer die notwendigen Sicherungsmaßnahmen unverzüglich durchzuführen. Die weiteren Maßnahmen sind gemeinsam festzulegen. Die erbrachten und die weiteren Leistungen sind Besondere Leistungen (siehe Abschnitt 4.2.1).

4 Nebenleistungen, Besondere Leistungen

4.1 Nebenleistungen

Nebenleistungen sind Leistungen, die auch ohne Erwähnung im Vertrag zur vertraglichen Leistung gehören (§ 2 Absatz 1 VOB/B).

Nebenleistungen sind demnach insbesondere:

4.1.1 Einrichten und Räumen der Baustelle einschließlich der Geräte und dergleichen.

4.1.2 Vorhalten der Baustelleneinrichtung einschließlich der Geräte und dergleichen.

4.1.3 Messungen für das Ausführen und Abrechnen der Arbeiten einschließlich des Vorhaltens der Messgeräte, Lehren, Absteckzeichen und dergleichen, des Erhaltens der Lehren und Absteckzeichen während der Bauausführung und des Stellens der Arbeitskräfte, jedoch nicht Leistungen nach § 3 Absatz 2 VOB/B.

4.1.4 Schutz- und Sicherheitsmaßnahmen nach den staatlichen und berufsgenossenschaftlichen Regelwerken zum Arbeitsschutz, ausgenommen Leistungen nach den Abschnitten 4.2.4 und 4.2.5.

4.1.5 Beleuchten, Beheizen und Reinigen der Aufenthalts- und Sanitärräume für die Beschäftigten des Auftragnehmers.

4.1.6 Heranbringen von Wasser und Energie von den vom Auftraggeber auf der Baustelle zur Verfügung gestellten Anschlussstellen zu den Verwendungsstellen.

4.1.7 Liefern der Betriebsstoffe.

4.1.8 Vorhalten der Kleingeräte und Werkzeuge.

4.1.9 Befördern aller Stoffe und Bauteile, auch wenn sie vom Auftraggeber beigestellt sind, von den Lagerstellen auf der Baustelle oder von den in der Leistungsbeschreibung angegebenen Übergabestellen zu den Verwendungsstellen und etwaiges Rückbefördern.

4.1.10 Sichern der Arbeiten gegen Niederschlagswasser, mit dem normalerweise gerechnet werden muss, und seine etwa erforderliche Beseitigung.

4.1.11 Entsorgen von Abfall aus dem Bereich des Auftragnehmers sowie Beseitigen der Verunreinigungen, die von den Arbeiten des Auftragnehmers herrühren.

4.1.12 Entsorgen von Abfall aus dem Bereich des Auftraggebers bis zu einer Menge von 1 m^3, soweit der Abfall nicht schadstoffbelastet ist.

4.2 Besondere Leistungen

Besondere Leistungen sind Leistungen, die nicht Nebenleistungen nach Abschnitt 4.1 sind und nur dann zur vertraglichen Leistung gehören, wenn sie in der Leistungsbeschreibung besonders erwähnt sind. Besondere Leistungen sind z. B.:

4.2.1 Leistungen nach den Abschnitten 3.1 und 3.3.

4.2.2 Beaufsichtigen der Leistungen anderer Unternehmer.

4.2.3 Erfüllen von Aufgaben des Auftraggebers (Bauherrn) hinsichtlich der Planung der Ausführung des Bauvorhabens oder der Koordinierung gemäß Baustellenverordnung.

4.2.4 Leistungen zur Unfallverhütung und zum Gesundheitsschutz für Mitarbeiter anderer Unternehmen.

4.2.5 Besondere Schutz- und Sicherheitsmaßnahmen bei Arbeiten in kontaminierten Bereichen, z. B. messtechnische Überwachung, spezifische Zusatzgeräte für Baumaschinen und Anlagen, abgeschottete Arbeitsbereiche.

4.2.6 Leistungen für besondere Schutzmaßnahmen gegen Witterungsschäden, Hochwasser und Grundwasser, ausgenommen Leistungen nach Abschnitt 4.1.10.

4.2.7 Versicherung der Leistung bis zur Abnahme zugunsten des Auftraggebers oder Versicherung eines außergewöhnlichen Haftpflichtwagnisses.

4.2.8 Besondere Prüfung von Stoffen und Bauteilen, die der Auftraggeber liefert.

4.2.9 Aufstellen, Vorhalten, Betreiben und Beseitigen von Einrichtungen zur Sicherung und Aufrechterhaltung des Verkehrs auf der Baustelle, z. B. Bauzäune, Schutzgerüste, Hilfsbauwerke, Beleuchtungen, Leiteinrichtungen.

4.2.10 Bereitstellen von Teilen der Baustelleneinrichtung für andere Unternehmer oder den Auftraggeber.

4.2.11 Leistungen für besondere Maßnahmen aus Gründen des Umweltschutzes sowie der Landes- und Denkmalpflege.

4.2.12 Entsorgen von Abfall über die Leistungen nach den Abschnitten 4.1.11 und 4.1.12 hinaus.

4.2.13 Schutz der Leistung, wenn der Auftraggeber eine vorzeitige Benutzung verlangt.

4.2.14 Beseitigen von Hindernissen.

4.2.15 Zusätzliche Leistungen für die Weiterarbeit bei Frost und Schnee, soweit sie dem Auftragnehmer nicht ohnehin obliegen.

4.2.16 Leistungen für besondere Maßnahmen zum Schutz und zur Sicherung gefährdeter baulicher Anlagen und benachbarter Grundstücke.

4.2.17 Sichern von Leitungen, Kabeln, Dränen, Kanälen, Grenzsteinen, Bäumen, Pflanzen und dergleichen.

5 Abrechnung

Die Leistung ist aus Zeichnungen zu ermitteln, soweit die ausgeführte Leistung diesen Zeichnungen entspricht. Sind solche Zeichnungen nicht vorhanden, ist die Leistung aufzumessen.

Anhang A
Begriffsbestimmungen zu den Allgemeinen Technischen Vertragsbedingungen für Bauleistungen

— **Aussparungen** sind bei Bauteilen Querschnittsschwächungen, deren Tiefe kleiner oder gleich der Bauteiltiefe sein kann. Aussparungen sind bei Flächen nicht zu behandelnde bzw. nicht herzustellende Teile. Aussparungen entstehen, z. B. durch Öffnungen (auch raumhoch), Durchbrüche, Durchdringungen, Nischen, Schlitze, Hohlräume, Leitungen, Kanäle.

— **Unterbrechungen** sind bei der Ermittlung der Längenmaße trennende, nicht zu behandelnde bzw. nicht herzustellende Abschnitte. Unterbrechungen durch Bauteile sind bei der Ermittlung der Flächenmaße trennende, nicht zu behandelnde bzw. nicht herzustellende Teilflächen geringer Breite, z. B. Fachwerkteile, Vorlagen, Lisenen, Gesimse, Entwässerungsrinnen, Einbauten.

— **Anarbeiten**: Heranführen an begrenzende Bauteile ohne Anpassen oder Anschließen.

— **Anpassen**: Heranführen an begrenzende Bauteile durch Bearbeiten des heranzuführenden Baustoffes, so dass dieser der Geometrie des begrenzenden Bauteils folgt.

— **Anschließen**: Heranführen an begrenzende Bauteile und Sicherstellen einer definierten technischen Funktion, z. B. Winddichtheit, Wasserdichtheit, Kraftschluss.

— **Das kleinste umschriebene Rechteck**: Das kleinste umschriebene Rechteck ergibt sich aus dem kleinsten Rechteck, das eine Fläche beliebiger Form umschließt.